青少年

应知的科学发明

沙金泰 / 编著

吉林出版集团有限责任公司

图书在版编目（CIP）数据

青少年应知的科学发明 / 沙金泰编著. —长春：吉林出版
集团有限责任公司,2015.12
（青少年科普丛书）
ISBN 978-7-5534-9393-0

Ⅰ.①青…　Ⅱ.①沙…　Ⅲ.①科学技术—创造发明—青少
年读物　Ⅳ.①N19-49

中国版本图书馆CIP数据核字（2015）第285240号

青少年应知的科学发明

QINGSHAONIAN YINGZHI DE KEXUE FAMING

编　　著	沙金泰	
出 版 人	吴文阁	
责任编辑	王　芳　杨　帆	
装帧设计	于　洋	
开　　本	710mm×1000mm　1/16	
印　　张	10	
字　　数	160千字	
版　　次	2015年12月第1版	
印　　次	2021年5月第2次印刷	

出　　版	吉林出版集团有限责任公司（长春市人民大街4646号）	
发　　行	吉林音像出版社有限责任公司	
地　　址	长春市绿园区泰来街1825号	
电　　话	0431-86012872	
印　　刷	三河市华晨印务有限公司	

ISBN　978-7-5534-9393-0　　　　　定价:39.80元

C 目录
ONTENTS

从实验室里走出的保温瓶 / 001

炊事兵的发明杰作——钢盔 / 006

不用浇水的花盆 / 014

发明毛笔的故事 / 019

方　便　面 / 025

风靡世界的魅力魔方 / 031

牧羊人的发明——铅笔 / 037

"不务正业"的发明 / 045

眼镜的发明 / 051

重赏之下问世的罐头 / 058

挽回面子的小发明 / 068

开玩笑发明厨师帽 / 074

神来之笔的发明 / 080

让我们更近的发明 / 086

电脑的嘴 / 093

不用胶卷的照相机 / 099

显微镜的发明 / 105

手表的发明 / 110

带给人光明的小电器——手电筒 / 116

静电复印机的发明   / 121

录音机的发明   / 128

战争中的发明   / 132

意外事件思考后的发明   / 138

插在玫瑰上的安全别针   / 143

变幻的交通信号灯   / 149

从实验室里走出的保温瓶

保温瓶是如今的常见日用品，外面有竹篾、铁皮、塑料等做成的壳，内装瓶胆。瓶胆由双层玻璃制成，夹层中的两面镀上银等金属，中间抽成真空，瓶口有塞子，可以在较长时间内保持瓶内的温度。

精彩回放

保温瓶瓶胆有内壁和外壁，两壁之间呈真空状，空无一物。热不能穿过真空进行传递，所以凡是倒入瓶里的液体都能在相当长的一段时间内，保持它原有的温度。

这就是为什么保温瓶能够冬天保持饮料暖热，夏天保持饮料冷凉的原因。

保温瓶是由苏格兰科学家詹姆士·杜瓦发明的。当时，詹姆士·杜瓦在低温下制出了液态氧，为了保存这种液态氧，詹姆士·杜瓦必须制作一个容器。

1879年，詹姆士·杜瓦接受了霍里德教授的建议，他设计了用两层中间为真空的薄玻璃制成的瓶子，并请德国玻璃制造工人为他吹制这种容器。1881年他撰写了论文《瓦因霍里德瓶》，从此，一种新型的盛装低温下的液态氧实验室装置就这样问世了，有人称这种能保温的瓶子为詹姆士·杜瓦瓶。

1890年，英国化学家盾姆斯·久阿尔改进了詹姆士·杜瓦瓶，在瓶壁镀上一层银，这样可以降低热辐射，减缓热量通过玻璃的散失。于是久阿尔瓶诞生了。

詹姆士·杜瓦当初设计这种能保温的容器就是为储存那种低温的气体，除此，詹姆士·杜瓦并没有想到这种瓶子还能别的什么用途。可是，制作这个保温瓶的德国人赖因霍尔德·伯格，在吹制这个瓶子的过程中，却异想天开地想到了，这个瓶子不仅可以在实验室用，也可以有更多的用途。比如，可以用它来为家里盛装食物或是开水，这样就可以为这些盛装的食物、开水保温。他想，这种瓶除了供科学研究外，还可用于日常生活。于是，他经过研究，给瓶子添加了护热套，这样在市面上就有了能储存热咖啡或红茶的容器，并且，赖因霍尔德·伯格申请了专利。从此，各式各样的保温瓶也就陆续问世了。

这个本应是实验室的装置，赖因霍尔德·伯格却把它从实验室中引领出来，并走进了千家万户及相关的工厂、医院。

近年来保温瓶又添了许多新花样，制出了压力保温瓶、接触式保温瓶等，但保温原理没有变。

 柯博士点评

保温瓶的发明是科学家为了科学实验的需要而发明的一种盛装低温液态氧的容器，也就是詹姆士·杜瓦发现液态氧提取方法的实验工具。

詹姆士·杜瓦随意的发明了杜瓦瓶，这也就是他研究中的一个副产品。幸亏又有爱思考的技工赖因霍尔德·伯格想到了杜瓦瓶可以广泛应用的特性，又接着对杜瓦瓶进行了小小的改进，这才使杜瓦瓶走出了实验室，变成了寻常百姓家也能利用的保温瓶。

这一项惠泽百姓的发明竟然是科学家和爱思考的技术工人接续合作的成果。

在这项发明中，赖因霍尔德·伯格的联想，使这项发明更具广泛地意义。联想产生了创新思维，这种创新思维抓住了保温这一特性，并联想到还有一些食物、果蔬也需要保温等。并产生了把这种称为杜瓦瓶的装置引出实验室并对杜瓦瓶进行改进的发明思路，因而也就发明了保温瓶。

相关链接

◎ 检验保温瓶质量的方法

1.检查瓶胆尾部的抽气嘴是否完整无损，如果有断裂

就会破坏瓶胆夹层间的真
空，失去了保温能力。

2. 察看瓶胆有无爆裂
痕迹。

3. 看瓶口是否圆。如
果瓶口不圆，瓶塞不能密
封，会降低保温能力。

4. 检查石棉垫是否位
移或脱落。石棉垫即瓶胆

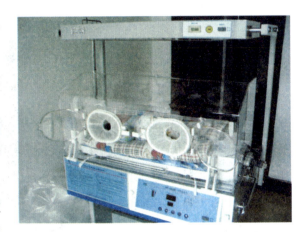

中部的三个圆形黑点，它支撑在内外胆之间，如果
位移或脱落，瓶胆就会因不能承受应有的盛水压力
而爆裂。

◎ 医用保温箱

在实验室、医院等部门经常见到保温瓶或保
温箱，它的用途极为广泛。

产妇在生产婴儿时，因种种原因会发生新生
儿早产。临床表现为不同程度的呼吸不规则，四
肢肌张力低下，皮肤薄，体温偏低或不升，严重
者可出现紫癜，颅内出血等。这时就需要创造一
个温度和湿度比较合适的环境，使患儿体温保持
稳定，以提高未成熟儿的成活率。

婴儿保温箱能以科学的方法为早产新生儿、
低体重儿、病危儿提供一个空气净化温度合适的
生存、发育、成长的环境，来度过这个危险时
期。

医院里还有用于保存特殊的药品和保存血

清、疫苗、干细胞或其他液体等的保温箱。

 **发明展台**

◎ 气压保温瓶

使用保温瓶倒水时往往要拿起保温瓶，打开瓶盖倾斜才能倒出水，这对于老年人和儿童是很不方便的，有时甚至会发生烫伤的事情。

于是，有人发明了气压保温瓶。气压保温瓶是利用压缩空气来工作的，气压保温瓶使用时不用倾倒只需用手压盖便能流出水来。它不仅保温性好，而且使用方便。

使用前，打开上盖取出U形管向瓶里灌满开水，放入U形管盖好上盖即可待用。使用时手压上盖压气按钮，使气囊排气，水面气压变大，使瓶里的水通过U形管排出。随着水流出，瓶内空气体积增大，压强也随之减少。当U形管两端压强差小于或等于管内水柱形成的压强时，供水停止。若需继续供水，须不断压气囊给瓶内打气，增大压缩空气的压强，以维持管端形成水流所需的压强差。

炊事兵的发明杰作——钢盔

　　自古以来，两军作战时，将士们都会佩戴头盔、铠甲以保护自己。盔甲究竟是谁最先发明的，现已无从考证。

　　冷兵器时代，头盔和铠甲主要是防刀剑的砍杀，而到了近现代，古代那样的头盔和铠甲已不能起到保护身体的作用。于是，在战争的变化中，随着科技的发展，古时候将士的头盔逐步发展演变到现代士兵所使用的钢盔。

精彩回放

　　1917年第一次世界大战时，法国一家餐馆的厨师瑞特利应征入伍了，在一支部队里当上了炊事兵。

　　一天，德军突然向法军的一个阵地发动了猛烈的进攻。炮声隆隆，弹片横飞，顿时法军阵地被炸得烟雾弥漫。

　　傍晚，瑞特利背着一口铁锅到前沿阵地去，准备煮点热咖啡，作为士兵们晚餐后的饮料。不料就在他到达战壕时，德军的大炮又一次的开始轰击，炮弹如雨点般直泻到战壕上，在慌乱之中瑞特利连忙把铁锅顶在了头上，接着他就不省人事了。

　　战斗结束了，这条战壕里的士兵们都牺牲了，唯一生还的是炊事兵瑞特利。虽然，瑞特利的手臂和背部也被弹片击伤了，但毕竟没有致命的伤处，所以他侥幸活了下来。

　　法国国防部接到这场战斗的报告后，对唯一幸存的瑞特利特别感兴趣，专门派了一个名叫亚特里安的将军去看望瑞特利，了解他究竟是怎么奇迹般地活下来的。

瑞特利面对亚特里安将军，指着铁锅说："是它救了我的命。当时我面对突如其来的炮击，无法逃脱，只好把铁锅顶在头上。就这样，它保护了我宝贵的头部没有挨着弹片。"

回去以后，亚特里安将军立即向法国国防部写了报告，建议设计制造钢铁帽子，给每个士兵都发一个，以减少士兵在作战中的伤亡。

法国国防部接受了建议，立即组织科技人员研制和设计现代军用钢盔，并让工厂立即生产这种护头的钢盔，并命名为"亚特里安头盔"。

于是，法国陆军部队的士兵首先戴上了钢制的头盔。在战斗中钢盔果然起了很大作用，法军的伤亡大大减少。

但是，钢盔作用虽大，可分量挺重的，士兵戴在头上作战很不方便。于是，科学家们又在动脑子，为减轻钢盔重量而努力。不过，在很长一段时间里，这个问题一直没有解决。

20世纪50年代，工程塑料问世。20世纪60年代初，一种既坚固又轻便的聚碳酸酯塑料被发明出来，成为了一种耐冲击性能特别好的材料。

科研人员选用了这种材料做头盔，使头盔轻便又光滑，提高了头盔的保护性能。于是，许多国家的士兵又戴上了用聚碳酸酯塑料做的头盔。以后，又有人发明了凯夫拉军用头盔等功能更加优越的军用头盔。

柯博士点评

　　急中生智这一成语是指，人在紧急情形下会想出好的主意。当然，这种主意或智谋是取决于人的经验和智慧。也就是说急中生智有一定的前提，前提就是拥有经验和智慧。如果，没有足够的经验和智慧，急中也绝不会生出超出这个人经验和知识水平的"智"。

　　炊事兵瑞特利和亚特里安将军，就是有一定经验和智慧的人，因此他们对发明头盔做出了贡献。

　　瑞特利为了保护自己，急中生智把铁锅扣在了自己的头上，而亚特里安将军在听瑞特利叙说保护自己的情形时想到了战争中保护他的士兵的办法，因而促成了头盔的发明。

相关链接

◎头　盔

　　头盔就是保护头部的帽子。头盔，可以追溯到远古时代。原始人为追捕野兽和

格斗，用椰子壳等纤维质以及犰狳壳、大乌龟壳等来保护自己的头部，以阻挡袭击。

后来，随着冶金技术的发展和战争的需要，又发明了金属头盔。我国安阳殷墟出土的商朝铜盔，距今大约已有3 000多年的历史。可以说是世界上最早的金属头盔了。

国外最早的金属头盔是公元前800年左右制造的青铜头盔。

17～18世纪，随着手枪、步枪等热兵器的出现，铜盔基本上失去了防护作用，人们不得不寻求新的头盔材料。第一次世界大战时期，法军首先研制出了能防炮弹碎片的钢盔，这就是"亚特里安"钢盔。

第二次世界大战中，美国又研制出M1等锰钢头盔，防护能力又有较大提高。但是，武器在不断发展，杀伤威力在不断地增大，轻武器的杀伤效果也有很大的提高，锰钢头盔已不能满足新的防护需要。

以后又研制出高强度"凯夫拉"头盔、尼龙头盔、超高分子聚乙烯头盔等。

不仅如此，头盔的用途也越来越多，头盔的使用也越来越广泛，大致可分为军事、运动、工作三类。

有军事上使用的步兵钢盔、飞行员头盔、空降兵头盔、坦克驾驶员头盔等；也有运动时戴的摩托车头盔、赛车头盔、自行车头盔、马术头盔、骑士头盔、赛马头盔、滑板头盔、登山攀岩头盔、轮滑头盔（速降盔、特技头盔）、冰球头盔、棒球头盔、滑冰头盔、滑雪头盔、曲棍球头盔、橄榄球头盔、街舞头盔、极限运动头盔等；还有工作用的焊接用头盔、喷砂头盔、防热辐射头盔、防紫外线头盔、消防头盔、防弹头盔、防暴头盔、警用头盔、普通飞行头盔、建筑用头盔、矿山用头盔等。

◎ 防弹衣

防弹衣又叫避弹衣、避弹背心、防弹背心、避弹服、单兵护体装具等。用于防护弹头或弹片对人体的伤害。

防弹衣主要由衣套和防弹层两部分组成。衣套常用化纤织品制作。防弹层是用金属（特种钢、铝合金、钛合金）、陶瓷（刚玉、碳化硼、碳化硅）、玻璃钢、尼龙、凯夫拉等材料，构成单一或复合型防护结构。

防弹层可吸收弹头或弹片的动能，对低速弹头或弹片有明显的防护效果，可减轻对人体胸、腹部的伤害。防弹衣包括步兵防弹衣、飞行人员防弹衣和炮兵防弹衣等。

从使用看，防弹衣可分警用型和军用型两种。从材料看，防弹衣可分为软体、硬体和软硬复合体三种。软体防弹衣的材料主要以高性能纺织纤维为主，这些高性能纤维远高于一般材料的能量吸收能力，赋予防弹衣防弹功能，并且由于这种防弹衣一般采用纺织品的结构，因而又具有相当的柔软性，称为软体防弹衣。

硬体防弹衣则是以特种钢板、超强铝合金等金属材料或者氧化铝、碳化硅等硬质非金属材料为主体防弹材料，由此制成的防弹衣一般不具备柔软性。

软硬复合式防弹衣的柔软性介于上述两种类型之间，它以软质材料为内衬，以硬质材料作为面板和增强材料，是一种复合型防弹衣。

防弹衣的防弹性能主要体现在以下三个方面：（1）防手枪和步枪子弹。目前许多软体防弹衣都可防住手枪子弹，但要防住步枪子弹或更高能量的子弹，则需采用陶瓷或钢制的增强板。（2）防弹片。各种爆炸物如炸弹、地雷、炮弹和手榴弹等爆炸产生的高速破片是战场上的主要威胁之一。据调查，战场中的士兵所面临的威胁大小顺序是：弹片、枪弹、爆炸冲击波和热。（3）防非贯穿性损伤。子弹在击中目标后会产生极大的冲击力，这种冲击力作用于人体所生产的伤害常常是致命的。这种伤害不呈现出贯穿性，但会造成内伤，重者危及生

命。所以防止非贯穿性损伤也是防弹衣防弹性能的一个重要方面。

防弹衣的服装性能要求是指在不影响防弹能力的前提下，防弹衣应尽可能轻便舒适，人在穿着后仍能较为灵活地完成各种动作。另一方面是服装对微气候环境的调节能力。对于使用者而言，则是希望人体穿着防弹衣后，仍能维持"人——衣"基本的热湿交换状态，尽可能避免防弹衣内湿气的积蓄而给人体造成闷热潮湿等不舒适感，减少体能的消耗。

发明展台

◎ 战场上的流动美食车

兵马未动，粮草先行。粮草是战争中最基本的后勤保障。如同对粮草的运输、保护一样，战场上饮食的保障也是一件不容易的事。自古以来，在走过了埋锅造饭、马拉炊事车、罐头等野战食品之后，世界各国不约而同地将重点转向了热食保障的首要装备——野战炊事车。

随着科学技术进步，当代的野战

炊事车也从马车演变成了汽车，车载炊具燃料也从柴煤变成了油、电、磁等。

当代的步兵野战炊事车由汽车和拖车组成，具有机动性强，可随时转移，展开撤守迅速，只需要几十分钟就可进入工作状态。一个野战炊事车可为一个营的数百名士兵提供各种各样的可口美食。

炊事车上安装了空调系统、通风设备、各种炊事灶具、热水箱、机械化的食品加工烹制用具等。

还有根据高度机动化的装甲、导弹部队及高原、严寒地区部队的饮食保障特点而研制的自行式炊事车。自行式炊事车越野性能好，行进间可进行炊事作业，适合高机动化作战部队的饮食保障。其在设计上，首先考虑到食物制作的特点，根据战士的饮食习惯和需求决定装备功能。车厢内主要炊事设备有：主、副食灶，和面机，切菜机，冷冻储物柜，排油烟机，储物吊柜等，驾驶室内设有行进间作业监视控制系统，全车具有蒸、煮、炖、炒等功能，4人操作每小时可在驻车状态或行进间加工完成330人份符合战时食物供应定量标准的饭菜。

加工完成的饭菜可通过车厢两侧的小门分发。车上设备自动化程度高，加工过程多处实现了自动化、机械化。设备操作简单，炊事作业全部在车内完成，极大地减轻了炊事员的作业强度。

不用浇水的花盆

庭院、居室、阳台花卉，让我们享受自然的恩惠，扮靓了我们的生活。如今，在学习、工作之余，栽培几株盆栽花卉，已是千家万户百姓的情趣。

精彩回放

章建泉师傅已年过半百，他搞花卉苗木这一行已有几十年了。他在长沙市苗圃工作的时候，一到夏季，一天要为苗圃里的盆花浇四五次水，每一次都累得大汗淋漓。

结束了一天的劳作后，他总是在想："如果有一种花盆，只管把花栽下去，不用浇水施肥多好啊！"

章师傅虽然干了许多年的园艺工作，可从来没见过有这种花盆。但是，章师傅有多年的花卉栽培经验，又有爱动脑琢磨的习惯，于是他就试着自己造一个这样的花盆。

他经常留心观察各种花卉的成长过程，也留心植物栽培的新技术，他在用花瓶养花的过程中和用营养液栽培蔬菜中受到了启示。

他用一个普通的花盆，在盆的底部放两个装满水和营养液的杯子，上面放一块钻了很多小孔的木板，然后把花栽在盆里。

过了几天后，花的根部穿过木板上的这些小孔长到了下面杯了的营养液里。这个小创新居然让盆花一连几个星期都不用浇水和施肥。

试验成功了，章师傅又用玻璃制成了自动浇水施肥的花盆。这个花盆内腔下部放有一块多孔板，内腔被分隔成上下两部分，上面栽花种草，下部存放营养液。在多孔板和盆底之间用一根营养液传导装置和一个支撑柱连起来。这个花盆栽花养草100天至200天都不用浇水施肥。如果外出两三个月，都不用担心花草因无人浇水而枯萎凋谢。

这种花盆盆底密封，不漏水、不脏地、无论摆放到哪里都无需担心泥水污染环境，同时还具有节约用水，省工省力的优点。

"自动供给营养液的花盆"已经取得了专利证书，并已投入了生产。

柯博士点评

　　章师傅是一位普通的园林工人，他的发明来自于实践经验，这也说明了许多人都有小发明的机遇和潜质。

　　章师傅在工作中，体验了浇花施肥的辛劳和效率低下，发现了栽培花卉的不便因素，这引起了他想改变这种不便因素的想法。

　　发现生活中的不便往往就会产生小发明的欲望，这种发现是小发明的开始。有许多的小发明就是这样开始的，比如，有许多多功能工具的发明，就是人们在使用工具时需要先后用不同的工具，这样就要携带很多的工具，为了解决这个使用不便的问题，有人就把几个工具的功能巧妙的加在一起发明了多功能工具。多用扳手、多用螺丝刀都是这样的发明。

相关链接

◎ 发散思维法

美国心理学家吉尔福特说过："发散思维是创新思维的核心，正是在发散思维中，我们才看到创新思维最明显的标志。"

发散思维是思考者向上下左右四面八方想开去，善于多向观察、多路思考，打破思维定向性的一种思维方式。由于它不受传统观念束缚，不轻易苟同于一种现成的说法或不急于归一，且往往能因此出现一些奇思异想，所以也称作"求异思维"或"开放式思维"。

正确把握发散思维一定要保证思维的流畅性，在思维过程中善于排除干扰；另一方面是要促进思维的灵活性，就是要触类旁通、闻一知十；再就是要强调思维的独创性，具有超常的独特见解，不人云亦云。

一般运用以下基本技巧可以充分发挥发散思维的显著特性：

1. 考虑所有因素。尽可能周全地、具体地从各个方面考察和思考一个问题，这样的思考将更深邃、透彻、全面，更具有创新性，这对问题的探索、解决特别有用。

2. 考虑各种结果。思考一个问题时应考虑各种"后果"或最终可能出现的结局。这可以培养我们遇事先考虑后果的习惯，有利于对事物的发展有较明确的预测，并从中寻求最佳的结局模式。

3. 侧向跳跃。当考虑某个问题遇到难以解决的困难时，可以采用侧向跳跃的方法，即不从正面直接入手，而是另辟蹊径，从侧面寻找突破口，这样往往可以使问题轻而易举地得到解决。

4. 寻找多种途径。思考问题时，快速"扫描"事物或问题的各个点、线、面、立体空间，然后将思维指向点、线、面、立体空间，寻找多种途径，对其进行深入思考，可以帮助我们寻找解决问题的某些崭新的思路和方法。

发明毛笔的故事

毛笔是我国早期的书写工具。我国自有文字后，人们先将文字刻在甲骨上，后又刻在简牍上，这时用的工具是刀，以后又出现了用聿蘸墨汁在简牍或帛上写字。后来，由于纸张的发明，人们才有了对新的书写工具的需求，这时毛笔才应运而生。

精彩回放

毛笔是何人何时发明的，直至现今也无从考证，只是有点滴的相传故事。据传，毛笔是秦国大将蒙恬发明的。

公元前223年，蒙恬带兵在中山地区与楚国交战，秦王嬴政要他定期写战况上报。那时人们普遍使用的书写工具叫"聿"，它是一根约一尺长的竹棍，头部削薄、削尖，再划开一两个小口子，然后蘸取墨汁在简牍或帛上写字，有如后来西方使用的那种蘸水钢笔。

送给秦王的战报都要写在帛上，蒙恬用"聿"在帛上写字，感到很吃力，一不小心就会将帛划破，这使他产生了改造"聿"的念头。

一天，蒙恬在荒原上猎获了几只野兔回营。途中他偶然见到有只兔子的尾巴拖在沙地上，留下了一道痕迹，他顿时来了灵感：何不试试用兔毛来改造"聿"呢？蒙恬回到营房后，就从兔尾上剪下了一些毛，将它们夹在"聿"前端的开口上，试着蘸取墨汁来写字。谁料，兔毛上有油脂，根本不吸墨水。蒙恬生气了，一甩手，将那支夹了兔毛的"聿"扔到营帐外面去了。

过了几天，蒙恬无意中看见被他扔掉的那支"聿"，原来丢进了一个积有石灰水的小坑里，此"聿"由于碱性水的浸泡，变得白绵绵的，毛吸足了墨汁，用来写字非常流畅，写出的字很漂亮。毛笔就这样发明了。

柯博士点评

古代之所以流传着"蒙恬造笔"之说，可能是因为蒙恬对毛笔做过改进。蒙恬之前的毛笔都用兔毛制成，很软，对蒙恬这样的武官在戎马倥偬中快速书写战报不适用。是蒙恬想到改用两种硬度不同的毛，如鹿毛和兔毛，两种毛软硬结合，就更便于书写了。

由于现代考古出土文物的新发现，人们有了更科学、更接近历史事实的认识，这种科学的认识擦去了历史的尘垢，还原了历史真相，使我们更确切地认识历史。不过，由于历史年代太久，还没能发现有更具体的证据说明毛笔的发明人和具体的发明时间，这也许是古代许多发明给我们留下的永远也解不开的谜团中的一例。

相关链接

◎ 最早的毛笔

虽然蒙恬发明笔的传说生动地描述了人们发明毛笔的历程，但事实上，早在蒙恬之前很久，中国人就已经发明了毛笔。

1954年，在长沙左家农山一座战国古墓中，曾发掘出一支毛笔。它是用上好的兔毛制成的，毛杆为圆竹棍，用丝缠绕，外面封漆固定，因属楚国文物，人们称为"楚笔"。

楚笔还不能算是最早的毛笔，人们还曾在新疆的一座古墓里，发现了比它年代更早的毛笔。这支笔的笔杆是木制的，以三瓣合成一个圆管，下端有一圆孔，用来安插笔头。因为我国北方不产竹，只能取木代竹，也有人认为毛笔的发明可上溯到 5 000 年之前，因为从出土的新石器时代的陶器来看，上面的图案相当精细。因此，有专家推断这种图案没有毛笔是很难画出来的，以此断定毛笔的发明时间应该是在距今约 5 000 年前左右。

◎ 毛笔的种类

毛笔的种类很多，难以计数。依据制笔的原料不同可分为羊毫笔、狼毫笔、紫毫笔、兼毫笔几种。

羊毫笔，笔头是用山羊毛制成的。羊毫笔比较柔软，吸墨量大，适于写画圆浑厚实的点画，比狼毫笔经久耐用。此类笔以湖笔为多，价格比较便宜。一般常见的有大楷笔、京提（或称提笔）、联锋、屏锋、顶锋、盖锋、条幅、玉笋、玉兰蕊、京楂等。

狼毫笔，笔头是用黄鼠狼尾巴上的毛制成的。以东北产的鼠尾为最，称"北狼毫"、"关东辽尾"。狼毫笔比羊毫笔力劲挺，宜书宜画，但不如羊毫笔耐用，价格也比羊毫笔贵。常见的品种有兰竹、写意、山水、花卉、叶筋、衣纹、红豆、小精工、鹿狼毫书画（狼毫中加入鹿毫制成）、豹狼毫（狼毫中加入豹毛制成的）、特制长峰狼毫、超品长峰狼毫等。

紫毫笔，笔头是以兔毛制成的，因色泽紫黑光亮而得名。此种笔挺拔尖锐而锋利，弹性比狼毫更强，以安徽出产的野兔毛为最好。

兼毫笔，笔头是用两种刚柔不同的动物毛制成的。常见的种类有羊狼兼毫、羊紫兼毫等。此种笔的优点兼具了羊狼毫笔的长处，刚柔适中，价格也适中，为书画家常用。

除此之外，还有用鸡毫、山马、鼠须、猪鬃等制成的笔。毛笔除了以制作原料或用途划分外，还冠以雅号。如冰清玉洁、珠圆玉润、右军书法等等。此类笔多数质量较好，大小适中，有数十种之多。

◎ 各种各样的画笔

在很久以前，人们不仅用动物的毛制作书写工具，同时在不同的时间、不同的地域也用动物毛制成各种画笔去描画着世界。中国画画笔、油画笔、水粉画笔、水彩画笔、化妆笔等等都列其中。

这些笔虽然都是用动物的毛制作的，但根据其用途不同、使用的颜料不同、以及作画描绘的质地不同等因素，制笔的材料、制笔的方法、笔的构造都有不同。

中国画一般都画在特殊的宣纸上，它使用墨和特制的中国画颜料，而中国画的绘画技巧也是千变万化。因此，中国画用的画笔种类繁多。

如：中国画使用的不同毛笔以其笔锋的长短可分为长锋、中锋和短锋，性能各异。长锋容易画出婀娜多姿的线条，短锋落纸易于凝重厚实，中锋兼而有之，画山水以用中锋为宜。根据笔锋的大小不同，毛笔又分为小、中、大等型号。

油画使用专用的油画绘画颜料，这种颜料是以矿物、植物、动物、化学合成的色粉与调和剂、亚麻油或核桃油搅拌研磨所形成的一种物质实体。它的特性是附着于某种材料上而形成一定的颜料层，这种颜料层具有一定可塑性，它能根据工具的运用而形成画家所想达到的各种形痕和肌理。

由于油画的绘画颜料是油脂性的，因此比较黏稠，所以油画使用的笔都必须用较硬的动物毛，大多数油画笔是使用猪鬃毛制作的，猪鬃毛是比较硬的，也比较容易获得。

水粉画是以水作为媒介，它使用的是一种水溶性颜料。它的表现力介于油画和水彩画之间。各种类型的笔都可以用来画水粉画，因此水粉画的用笔技巧是异常丰富的。通常使用的水粉画笔有三大类，即羊毫、狼毫及尼龙毛笔。羊毫的特点是含水量较大，蘸色较多，优点是一笔颜色涂出的面积较大，缺点是由于含水量太大，画出的笔触容易浑浊，不太适合于细节刻画。狼毫的特点是含水量较少，比羊毫的弹性要好，适合于局部细节的刻画。

随着现代化工业的进步，用尼龙制作的水粉画笔也被画家们看好。尼龙毛笔具有羊毫笔的软性和狼毫笔的弹性，且笔锋耐磨。

方便面

方便面是一种畅销全球的快餐食品，日本《读卖新闻》称方便面不仅"占领了全球，现在更影响到宇宙"。而美国的《纽约时报》也认为，方便面将"永存人类进步的殿堂"。可见方便面这个小发明近几十年来在人们生活中的影响。

精彩回放

安藤百福并不是地道的日本人，其实他算是旅日华侨。他于1910年出生在我国台湾地区，原名吴百福。

安藤百福自幼失去双亲，但父亲的遗产却给其提供了足够的创业资金。

他吸取了祖父经营绸缎布匹商店的经验，继承祖业做起针织品销售的生意，并因此发财。

1933年他渡海来到日本，开始了在日本的创业。

二战前后，日本因发动战争，给亚洲人民带来了巨大的灾难，同时也给本国的经济带来巨大的破坏。当时，日本面临严重的食品不足。

有一天早上，安藤路过一个拉面摊。他看到摊前排起长队的人们，迎着寒风眼巴巴地等待着拉面出锅。安藤放慢了脚步浮想联翩，他想到了民以食为天，想到了食物足天下才会太平，从而产生了投身到食品行业中的想法。他又想到了如果有用沸水一冲就可吃的面条那该多好，那样人们就不会这样排队了。

　　1948年，安藤创立中交总社食品公司，开始从事营养食品的研究。他利用高温、高压将炖熟的牛、鸡骨头中的浓汁抽出，制成了一种营养补剂。产品刚上市，就深得日本人的喜爱，安藤也因此成为日本食品界的知名人士。营养补剂的生产，为日后方便面调料的研制奠定了基础。

　　不过他的事业不是一帆风顺的，20世纪50年代一场变故使得安藤几乎赔光了所有的财产，不得不从零开始创业。这时生产方便面的想法再一次从他的大脑中闪现，从此他开始了与方便面几十年的不解之缘。

　　1958年春天，安藤在大阪自家住宅的后院建了一个不足10平方米的简陋小屋。他找来一台旧的制面机，买了一个直径1米的炒锅以及面粉、食用油等原料，一头扎进木屋，起早贪黑地开始了方便面问世前的种种实验。

　　早晨5点起床后便立刻钻进小屋，一直研究到深夜一两点，在一年多的时间里，几乎就没有休息一天，每天的睡觉时间也就是四五个小时。他痴迷于方便面的实验研究，忘记了疲劳和休息。

　　一天，夫人做了一道可口的油炸菜，他猛然间从中领悟了做方便面的一个诀窍——油炸。

　　面是用水调和的，而在油炸过程中水分会散发，所以油炸面制食品的表层会有无数的洞眼，加入开水后，就像海绵吸水一样，面能够很快变软。如此一来，将面条浸在汤汁中使之着味，然

后油炸使之干燥，就制出了又能保存又可开水冲泡的面了。这种做法被他称作"瞬间热油干燥法"，他也很快便拿到了方便面制法的专利。

安藤百福发明了世界上第一包方便面——鸡肉拉面，这时正是在 1958 年，当时他已 48 岁。

方便面发明初期，并没有引起人们的青睐，连续多年销量平平。直到 1972 年日本发生了过激组织占据轻井泽山庄的事件，全世界观众通过媒体看到警察站在路边吃方便面的画面，才发现方便面的好处。

方便面是一种只要加入热水立刻就能食用的速食面，这种面具有不用烹调，只要用开水泡冲就可食用，其味道好吃不厌，包装可靠，易于保存，价格便宜等优点。因此，逐步受到人们的欢迎。

安藤为了把他的产品推向世界，1966 年他第一次去欧美进行考察，希望找到把方便面推向世界的办法。

当他拿着鸡肉拉面去洛杉矶的超市让几个采购人员试尝时，他们为难地摇着头，原来是没有放面条的碗，找到的只有纸杯子。于是他们把鸡肉拉面分成两半放入纸杯中，注入开水，他们用叉子吃着，吃完后把杯子随手扔进了垃圾箱。

安藤恍然大悟，脑子里有了开发"杯装方便面"的构想。容器决定选用当时还算新型的泡沫塑料，轻而且保温性能好，成本也便宜。杯子的形状做成用一只手就能拿起的大小。

在一次从美国回日本的飞机上，安藤发现空中小姐给的放开心果铝制容器的上部是一个由纸和铝箔贴合而成的密封盖子。当时，他正被如何才能长期保存这个问题困扰，想找一种不通气的材料，杯装方便面的铝盖在那一刻就这么定了下来。

安藤在生活中的观察，使他产生了不少的小发明，这些小发明也在不断地改进方便面的口味和包装，使这种方便面在不断改善面貌的情况下走向了世界。

今天，方便面已成为世界性大众食品，仅2005年全世界人就吃掉了857亿份方便面，平均每人13份，小发明变成了普惠全世界大众的快餐食品。

柯博士点评

安藤发明方便面是一个奇迹，这项发明可以说是小发明惊动了大世界。

这项发明再现了小发明往往影响不小的现象，给人们以不要轻视小发明的启示。

这位安藤先生并不是一个食品专家，但是他却做出了惊人的成就，

这也说明小发明是人类天性的一种表露，也就是说普通人也可做出不俗的大事。但是，他又有与普通人不同的地方，他善于观察、善于思考，并有勤奋的钻研精神。因此，他才会有不同凡响的发明成果。

这种发明的动力，是来自安藤善于观察生活，根据生活中的需要，产生了发明的兴趣。正像他自己说的那样，"发明的灵感来自解决饥饿的需要。"

 相关链接

◎ 正视食用方便面的利弊

方便面是一种快餐，是可以应急的方便食品。从这点来说方便面确实是一种成功的大发明，所以很快的被人们接受，并迅速地得到了推广。

可随着人们对食品营养的认识不断加深，有许多人对方便面的营养提出了质疑，这也是可以理解的。

方便面经济实惠、储存携带方便、省时省力这就是方便面的优点，这种方便面特别适宜工业化进程中人们生活节奏加快的需要。特别是当偶遇自然灾害时，方便面确实又有救人于危难的功效，这不能不说方便面是一种特别的食品。

　　当然，从营养学角度说，维持人体正常生理代谢需要六大要素，即蛋白质、脂肪、碳水化合物、矿物质、维生素和水。只要长期缺乏一种，日久便会患病。而方便面主要成分是碳水化合物，其他营养成分很少。因此，如果长期以方便面代替早餐，会导致头晕、乏力、消瘦、心悸、精神不振等，严重者可出现体重下降、肌肉萎缩、营养不良等状况。因此，不可因懒惰而长期食用方便面。

　　这也是有些人称方便面为"垃圾食品"的原因。但如果是应急需要，食用方便面也确实是一种不错的选择。因此不能因方便面存在某些不足就舍弃这个选择。

　　我们应该正视方便面的应急特性，同时也应正视方便面长期食用不利的一面，不要因方便面的味道适口而长期食用这种供应急食用的方便快餐食品。

风靡世界的魅力魔方

魔方是一种变化多端的智力玩具。这种智力玩具制作简单、携带方便、玩法千变万化，因此自发明以来，很快就风靡世界，受到了青少年的欢迎，并被儿童及许多中老年人所青睐。

精彩回放

在匈牙利布达佩斯举行的第四届世界魔方锦标赛上，所有人都期待看见一个人，这个人就是深居简出的厄尔诺·鲁比克，他就是风靡世界的迷人魔方的发明者。

鲁比克的父亲是一位诗人和滑翔机设计师，鲁比克年轻时进入布达佩斯理工大学攻读建筑学，并在布达佩斯 所实用艺术学院学习了雕刻和室内设计。以后他任职于布达佩斯建筑学院。

他是一位很认真的教授，为了让他的学生很好的了解空间思维能力，他做了一些教具来直观的演示不同的立体几何形状。

这种教具是作为一种帮助学生增强立体空间感的教学工具，是由许多块小方块组成，但要使那些小方块可以随意转动而不散开，不仅是个机械难题，更牵涉到木制的轴心等。

他精心思考，反复研究，苦苦思索，终于找到一种方法，能够让不同颜色的方块沿两条垂直轴线旋转而不会散架，他为自己的发明申请了专利。用鲁比克的话说：魔方的诞生源自他对"空间转换"的兴趣。

一天，他手拿着这几个小立体方块转了几下后，才发现如何把混乱的颜色方块复原竟是个有趣而且有一定难度的问题。鲁比克心中突然一亮，暗想："这不是一个很好的智力玩具吗？"

他决心生产这种玩具，并推向市场。魔方推向市场后不久就风靡世界，人们发现这个小方块组成的玩意实在是奥妙无穷。

魔方是由富于弹性的硬塑料制成的6面正方体。核心是一个轴，并由26个小正方体组成。包括中心方块6个，固定不动，只一面有颜色。边角方块8个（3面有色）可转动。边缘方块12个（2面有色）亦可转动。玩具在出售时，小立方体的排列使大立方体的每一面都具有相同的颜色。当大立方体的某一面平动旋转时，其相邻的各面单一颜色便被破坏，而组成新图案立方体，再转再变化，每一面都由不同颜色的小方块拼成。玩法是将打乱的立方体通过转动尽快恢复成6面成单一颜色。

1982年，美国诺克斯维尔世博会上，匈牙利馆内展出了鲁比克教授的魔方，人们发现这个小方块实在是奥妙无穷，成为最吸引人眼球的一个神奇的小玩具。一时间，魔方成为广受欢迎的智力游戏玩具。

柯博士点评

魔方的发明纯属偶然，这里借用鲁比克的一句话：魔方的诞生源自我对"空间转换"的兴趣。

兴趣是学习的老师，当然，也是发明的动力。鲁比克在制作教具时，对这些变化无穷的立方体的转动产生了兴趣，因此，不断地研究它们的组合，研究它们的表面颜色的变化，终于发现了许多有趣的变化。

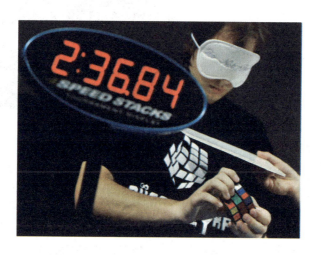

相关链接

◎ 兴趣是发明的动力

兴趣是积极愉快地学习的一种心理倾向，它是各种动机中最现实、最活跃的成分，是进行发明的原动力。只有对发明产生浓厚的兴趣，才会孜孜不倦地对事物进行探索、进行改进、进行发明。

爱因斯坦说过："兴趣是最好的老师"。皮亚克说："一切有成效的工作都是以某种兴趣为先决条件的。"我们的先师孔子也曾说过："知之者不如好之者，好之者不如乐之者"。从中也就可以看出兴趣在学习中有

着不可忽视的重要性。

发明史上许多的科学家、普通百姓、青少年大都是因为对一些事物产生兴趣，进而探索、创新、发明了新的技术或产品。

著名意大利物理学家伏达和解剖学教授贾法尼一起实验，伏达对通电的青蛙腿震颤产生了极大兴趣。他注意到贾法尼的实验中也是使用不同的金属，而实验中的青蛙腿可以看做一种潮湿的物质，所以就使用能够导电的盐水代替动物组织试验，终于发现了电池的原理，做出了伏达电堆并发明了伏达电池。

著名科学家杨振宁赴美留学时，立志要写出一篇实验物理论文。被誉为氢气之父的泰勒博士一直关注着杨振宁的学术研究，他直率地对杨振宁说："我认为你不必坚持一定要写一篇实验论文。"

杨振宁认真地思考了两天。最后，他不得不痛苦地承认，自己的动手能力确实不强。他对写实验论文也毫无兴趣，而是对另一方面——理论物理研究有着浓重的兴趣。杨振宁想了半天，最终接受了泰勒的建议，放弃写实验论文的打算。做出这个决定之后，他如释重负，毅然把主攻方向转入理论物理研究。有了浓重的兴趣和刻苦努力的毅力，杨振宁不久就出色地完成了学业。从此，他踏上了成为物理学界一代杰出理论大师之路。

◎ 独立钻石和华容道游戏棋

你知道游戏界的三大不可思议吗？它就是中国人发明的华容道，法国人发明的独立钻石和匈牙利人发明的魔方。

魔方发明于20世纪，华容道则发明在古代，而独立钻石发明在距今两百多年前。

法国大革命前夕，著名的巴士底监狱关着一位贵族，他独自一个人关在铁窗里，为了打发时间，就设计出一种能够自己玩的游戏，就是独立钻石（又称单身贵族棋）。这位贵族囚犯，每日沉迷于自己发明的游戏，后来更是在整个巴士底监狱盛行。公元1789年7月14日，巴黎人民武装起义，攻破巴士底监狱，而使得这个游戏在社会各阶层流传开来。

游戏的棋盘有多种式样，最流行的是圆形的棋盘。盘上有二行交义平行的小孔（相交成十字形）。每行的孔数有七个，故此一共有33个小孔。而棋子一般是一些头略粗的木粒子或玻璃弹子。

走法就是按照跳棋的走法，但是被跳过的棋子全部被吃掉，这样每跳一下棋盘上的棋子就会少一颗，一般玩法结果按最后所剩棋子分为6个等级。剩5颗棋子——不错、剩4颗棋子——更好、剩3颗棋子——聪明、剩2颗棋子——高手、剩1颗棋子——大师，而最高等级是最后剩下一颗棋子，且棋子是在正中央——天才。如果最后剩一子，而且正好位于棋盘正中心的第44号洞孔上，此种局势称为"独立（粒）钻石"。

天才也是分不同等级的。由于连跳的存在，达到天才的步数也是不一样的。1908年，游戏大师刁丹尼曾提出一个19步的走法，他的记录后来被布荷特发现的18步所取代了。他还自信地说，18步是最少的步骤了，后来果然由剑桥大学的比斯尼证明了这一点。

1986年，在上海举行的"独立钻石"征解赛中，中国女工万萍萍，找到另一种不同于布荷特的18步取得"天才"的方法。后来上海计算机研究所开动了大型计算机，希望找出用18步取得"天才"的各种方法，结果得出令人惊异的答案："独立钻石"以18步取得"天才"的方法只有两种，一种是布荷特的，另一种便是万萍萍的！

华容道游戏取自著名的三国故事，曹操在赤壁大战中被打败，被迫退逃到华容道，又遇上诸葛亮的伏兵。关羽为了报答曹操对他的恩情，明逼实让，终于帮助曹操逃出了华容道。华容道游戏棋的棋盘上共摆有10个大小不等的棋子，华容道有几十种布阵方法，棋盘上仅有两个小方格空着，玩法就是通过这两个空格移动棋子，用最少的步数把曹操移出华容道。这个玩具引起过许多人的兴趣，大家都力图把移动的步数减到最少。

牧羊人的发明——铅笔

铅笔是一种常见的文化用品，是当今每个人小学阶段第一个使用的书写工具。铅笔可算是最为普及的学习用具之一，铅笔这个经历过几千年历史的小文具，为人类的进步起了不小的作用，并且也随着社会的进步不断地改变着自己的面貌。

精彩回放

铅笔的历史非常悠久，古老的铅笔起源于 2 000 多年前的古希腊、古罗马时期。那时的铅笔很简陋，只不过是金属套里夹着一根铅棒、甚至是铅块而已。不过，它倒是名符其实的"铅笔"，因为它在书写面上留下的痕迹是金属铅条或铅块。而我们今天使用的铅笔芯不是用铅制作的，而是用石墨和黏土制成的，里面并不含铅。

现代铅笔的鼻祖诞生于16世纪中叶的英国坎伯兰山脉的布洛迪尔山谷。

1564年，一阵狂风吹倒了这山谷中的一棵大树，树根蟠结处露出了一大堆墨色的矿物质——石墨。

当地的牧羊人发现了这里的石墨，并发现了这石墨可用来在羊身上画记号，也可以写字。

不久，有眼光的城里人把石墨矿石切成细条在伦敦市场上出售，店主和商人都用它给货物作记号，因为它是一根石条故称它为"标记石"，也有的叫它"打印石"。

这就是"原始的铅笔"，这原始的铅笔究竟是哪个人发明的已无从查考，这位第一个发现石墨矿石能书写的人，也是一个了不起的人，他为现代的铅笔诞生奠定了基础。

由于用布洛迪尔山谷石墨制作的铅笔很受欧洲各国欢迎，所以采掘过量，高纯度的石墨矿很快就枯竭了。于是人们开始研究用人工方法提取，加工石墨。

1761年，德国化学家法贝尔从卡斯塔斯尔煤矿采集了一些石墨矿石，将其研磨成粉末，用水冲洗去杂质，获得了纯净的石墨粉，经过种种试验后，法贝尔终于发现，在石墨中掺入硫磺、锑和树脂，加热凝固后压制成一根根"铅笔"，硬度合适，书写流畅，也不容易弄脏手，在这种铅笔外面裹上纸卷后，就可以拿到商店出售了。

18世纪时，能生产铅笔的只有英、德两国。后来，由于战争的影响，法国的铅笔来源中断。当时的法国皇帝拿破仑命令本国的化学家尼古拉斯·孔蒂就地取材，生产本国铅笔。孔蒂用法国出产的劣质石墨与黏土混合，并通过控制黏土与石墨的比例来调整其硬度和颜色深浅，成型后置于窑内焙烧制成笔芯便可得到"硬铅"与"软铅"。

不过，孔蒂的铅笔和法贝尔的铅笔，都只有一根细条，很容易折断。

1812年，美国马萨诸塞州的一位木匠兼修补匠威廉·门罗成了风云人物，他决心为铅笔锦上添花，让铅笔穿上木头外衣。

门罗在土场内装置机械制造长5～18厘米的标准化木条，细木条中间用机器挖出一条刚好适合铅笔芯的凹槽，然后将两片同样开有凹槽的细木条中间嵌入一根石墨条，合起来用胶水粘紧。于是，第一支现代铅笔产生了。这支长18厘米的标准铅笔可以画55千米的线条，至少可以写45 000字，而且削了17次还能剩下5厘米长的笔头。

柯博士点评

古代的人们发明了文字，但具体是谁发明的已无从考证，只留下传

说，铅笔的小发明同样也是查无发明者。这是古代人类在生存中的发明，是人类走向文明中的发明。

这些发明中都带有一定的偶然性，但是却也显露出发明是人类的一个天性，反映出古代人类中某些人的好奇心、观察、思考的特点。这些特点使他们发现了某些现象，发明了某些利于人们生存的用品。

在铅笔的使用中，随着科技的进步人们又有许多新的发明，这些发明使铅笔不断的变换着他们的面貌。

现代铅笔的发明人，应该是德国的法贝尔，他使铅笔的笔芯更加接近完善。后来为铅笔不断发展和完善的人还有法国人孔蒂和美国人门罗，他们都专门针对铅笔的某些缺点进行改进，这些改进也是一种小发明，这种小发明的方法我们称它为"改一改"发明方法。

 相关链接

◎ 各种不同功能的铅笔

现代的铅笔多种多样，各种铅笔在不同的质地上书写或绘画，这些铅笔的功能和用途及制作材料、工艺过程都不一样。

一般按铅笔的性质和用途分为石墨铅笔、颜色铅笔、特种铅笔三类。

石墨铅笔的铅笔芯是以石墨为主要原料的铅笔，这种铅笔是最早的铅笔，它可供绘图和一般书写使用。

石墨铅芯的硬度标志，一般用"H"表示硬质铅笔，"B"表示软质铅笔，"HB"表示软硬适中的铅笔，"F"表示硬度在HB和H之间的铅笔。石墨铅笔共分6B、5B、4B、3B、2B、B、HB、F、H、2H、3H、4H、5H、6H、7H、8H、9H、10H等18个硬度等级，字母前面的数字越大，分别表明越硬或越软。此外还有7B、8B、9B三个等级的软质铅笔，以满足绘画等特殊需要。

颜色铅笔是铅芯有色彩的铅笔。铅芯由黏土、颜料、滑石粉、胶黏剂、油脂和蜡等制成，用于标记符号、绘画、绘制图表与地图等。颜色铅笔通常是成套（6，12，24，36，64种颜色）装盒。

特种铅笔是一种应用在特殊的材质上书写绘图的，并且使用方法也特殊的铅笔。如：玻璃铅笔、变色铅笔、炭画铅笔、晒图铅笔、水彩铅笔、粉彩铅笔等，它们各有其特殊用途。

◎ 铅笔的制作过程

最原始的铅笔制作也是最简单的，现代的铅笔制作是一个系统的自动生产过程。铅笔的生产过程包括铅芯加工过程、铅笔杆加工及合成过程、外观加工过程等。

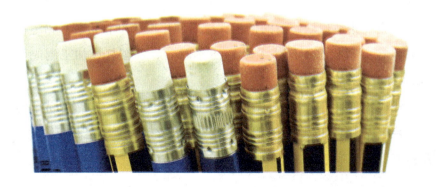

　　加工石墨铅芯是以石墨与黏土按一定比例配好，经捏练机、三辊机调混后，通过压芯机挤压出一定规格尺寸的铅芯，经过加热干燥后，再经高温焙烧，使其具有一定机械强度和硬度，最后经油浸处理而制成铅笔芯。

　　颜色铅芯加工和石墨铅芯类似，但不需进行烧结。加工方法有两种：一种是将黏土、滑石粉、胶黏剂、色料、油脂和蜡等混合均匀后，经成型、干燥而制成，称为混合法；另一种是将瓷土、滑石粉、色料及胶黏剂等混合均匀后挤压成铅芯或将经干燥的铅芯放在油芯容器中，在一定温度下使其充分吸收油脂而制成，称为油浸法。

　　铅笔杆加工是用刨槽机将铅笔板刨削成厚度为4.1～4.2毫米，并有与铅芯直径相适应的芯槽的槽板，然后使用胶合剂将铅芯和铅笔板胶合起来，在夹紧状态下加热干燥1～8小时后，经刨杆机加工制成长度为178～180毫米的白杆铅笔。

　　外观装饰加工是将白杆铅笔进行油漆和印花装饰，以及切光、打印商标、装橡皮头等加工，使其成为具有一定规格、外观颜色和花纹图案的成品铅笔。

发明展台

◎ 纸质的环保铅笔

在铅笔诞生100年以后，有人认为它浪费木材，其结果导致了日本人早川德次在1915年发明了一种能够把铅笔芯反复推出的铅笔，它就是如今广泛使用的自动铅笔的原型。

传统的木质铅笔已有300多年的历史，目前全世界的消费量达100多亿支。我国年产铅笔约70亿支，占全球总产量的2／3，是世界第一铅笔生产大国，并出口到多个国家。虽然大量的出口额为国家换回了不少外汇，但同时也为此付出了巨大的代价，用于生产铅笔的优质椴木由于长期过度采伐，不仅生态环境遭到严重破坏，木材产量也在逐年减少。随着国家天然林保护工程的实施，木材计划下调，原本就稀少珍贵的椴木已远远满足不了铅笔生产的需求。木材原料的短缺使成本居高不下，已

使传统木质铅笔的生产举步维艰，成为铅笔制造业的一大难关。为此，环保组织及有识之士呼吁淘汰木质铅笔，开发新型环保铅笔取而代之。

纸质铅笔以废旧书、报纸为原料而制成，每张四开废报纸可卷制3支环保铅笔。纸质铅笔质地坚硬、刨削自如、书写流畅，与传统的木质铅笔在使用感觉上基本相同。同时，也可带橡皮头，还可生产出印有卡通画、花鸟鱼虫、山水等图案艳丽的花杆铅笔，甚至还可以生产出带有苹果、橘子等各种香味的纸质铅笔。该项目还可派生出许多其他产品，如眉笔、唇笔、彩笔等。

据有关资料统计显示，全国使用铅笔的人数约为3亿，铅笔需求量约为70亿支，出口量为40亿支，眉笔、彩笔的需求量约为40亿支。用废旧纸生产铅笔，既节约了大量的森林资源，保护了生态环境，又具有节能性和环保性的特点。

"不务正业"的发明

压力锅遍布全世界数不尽的家庭中，它们在海拔高的居民家、宾馆、营房处等更是不可缺少的炊具。

精彩回放

当你用高压锅做菜蒸饭时，能节省更多时间，你知道是谁发明了高压锅吗？

发明高压锅的是1647年8月22日生于法国布卢瓦城的物理学家、数学家、发明家丹尼斯·帕平。

年轻时，帕平被迫逃往国外，他沿着阿尔卑斯山艰难跋涉，打算去瑞士避难。他一路上风餐露宿，渴了找点山泉水喝，饿了煮点土豆吃。有一天，帕平走到一座山峰附近，他觉得饿了，便找了一些树枝，架起篝火，又煮起土豆来。水滚开了几次，土豆依然不熟。为了填饱肚子，他无可奈何地把没熟的土豆硬吃了下去。

17世纪末，在瓦特高效率蒸汽机问世之前，早有很多人在研究制造蒸汽机了，帕平也是研究蒸汽机的众多人中的一位。他辗转到伦敦潜心研究蒸汽发动机，由于他对蒸汽锅炉的研究，促使了他对烹饪用压力锅的发明。

他找来了许多参考书，查算了山的高度。一连串的问题在帕平脑子里翻腾。物理学上的什么定律能够解释这个现象？水的沸点与大气压有什么关系？随后，他又设想，如果用人工的办法让气压加大，水的沸点就不会像在平地上只是100摄氏度，而是更高些，煮东西所花的时间或许会更少。

可是，怎样才能提高气压呢？

帕平自己动手做了一个密闭容器，他要利用加热的方法，让容器内的水蒸气不断增加，又不散失，使容器内的气压增大，水的沸点也越来越高。可是，当他睁大眼睛盯着加热容器的时候，容器内发出咚咚的声响。帕平吓坏了，只好暂时停止试验。

又过了两年，帕平按自己的新想法绘制了一张密闭锅图纸，请技师依照图纸帮着做。另外帕平又在锅体和锅盖之间加了一个橡皮垫，锅盖上方还钻了一个孔，这样一来，就解决了锅边漏气和锅内发声的问题。

1681年，帕平造出了世界上第一只压力锅。当时叫做"帕平锅"。他邀请英国皇家学会的会员们来参加午餐会，实际上是对压力锅进行鉴定。厨师当着众多科学家的面，把几只活蹦乱叫的鸡宰了，塞进压力锅里，然后架到火炉上。那些满腹经纶的专家一杯茶还没有喝完，一盘盘热气腾腾、香味扑鼻的清蒸鸡，已经摆在他们的餐桌上了。从此，帕平和高压锅

一起名扬四方。

　　早期的压力锅较笨重，锅盖用翼型螺帽固紧，后来出现了轻质合金锅，锅盖也日渐改进，现在的压力锅，锅身与锅盖皆有凸缘，旋紧后便互相锁牢，锅盖内有密封垫圈，保持不透气，锅盖上有安全阀，以防爆炸。

　　使用压力锅不仅可以缩短烹调时间、用水较少，同时比一般烹调法更能保持食物的维生素和矿物质含量。尤其在高海拔地区更为有用，可解决由于大气压低而造成沸点降低的难题。

🌿 柯博士点评

　　有人说：压力锅是科学家在研究蒸汽机时的副产品，也有人称压力锅是一项不务正业的发明。

　　实际上，这项发明确实是帕平在研究蒸汽机时的一项发明，这项发明称作副产品也是很合适的。科技史上的这种现象并不少见。因为科学家们的联想能力是他们发明创造的重要心理品质。

帕平在研究蒸汽机时他意识到了蒸汽压力的用途不仅如此，还意识到蒸汽的用途也可以更广泛。于是，他经过了无数次的实验，证明了蒸汽压力也可以把水分压到食物里，使热量很少损失，用这种方法加热食物取得了意想不到的效果，因此高压锅问世了。

相关链接

◎ 高压锅安全使用常识

用高压锅做饭，节省时间和能源，许多家庭都使用它。不过高压锅在使用时，锅里的温度高、压力大，这也就让我们必须要注意其使用安全问题，以免因不注意安全使用而发生意外安全事故。

使用高压锅之前，首先要检查锅盖的通气孔是不是通畅，安全阀是不是完好无损，要细心检查锅盖中心排气孔是否畅通。

还要检查橡胶密封垫圈是否老化。橡胶密封垫圈使用一段时间以后就会老化，老化的胶圈易使压力锅漏气，为此需要及时更新。

在使用过程中，高压锅加盖后，先不加限压阀，待加热后排气孔排出锅内冷空气后，再及时加上限压阀。以后，不要触动高压锅的压力阀，更不要在压力阀上加压重物或者打开锅盖。

饭菜做好以后，不能马上拿下压力阀或者打开锅盖，要耐心地等待锅里的高压热气释放出来后，才能拿下压力阀，打开锅盖。

锅内盛装物超量。如若盛装物超量，锅内压力产生时，几乎没有安全缓冲空间。如若继续加热，压力随之增高，容易引起爆炸。按厂家说明书要求，锅内食物和水不能超过总容积的2 / 3。

最好不用高压锅煮豆类、稀饭、排骨海带汤。因锅内高压产生的泡沫足以堵死中心孔和限压阀疏气孔。

煮物开始用大火，当高压锅被加热到一定程度时，限压阀会被高压气流微微抬起，两边的气孔有气放出，并有"嘘、嘘"的尖叫声，这时需将炉火减弱改用小火，使限压阀保持在似起非起的状态，直至食物煮熟。

使用高压锅时，不要偷懒。有的人喜欢用高压锅煮食物同时，长时间远离厨房，这时会对使用中的高压锅状态不了解，就难免出现不必要的状况。

高压锅是压力容器，随使用时间，铝合金的锅体会老化，并因此减少抗压强度。2002年以前，高压锅生产行业认定的高压锅安全使用年限为8年，2002年以后，推荐使用的期限已经缩短为5年，所以高压锅在使用一定年限后应该报废，不应该继续使用。

发明展台

◎ 吊桥的发明

自古以来人们造桥都是靠筑桥墩来架桥的，可是当遇到水位过深，使人们难以筑桥墩时，该怎么办呢？发明家布伦特在最初造桥时因困于常规，百思不得其解。当有一次他看到蜘蛛吊丝结网时，联想到造桥，顿时恍然大悟，从而发明了吊桥。其实发明家布伦特就是应用联想法来开启自己创造性思维的。

联想法是指运用已有的知识和经验，从一事物想到另一事物，从一形象想到另一形象，从一概念想到另一概念，从一方法想到另一方法，从而找到事物之间的联系，启迪创造性思维的方法。

◎ 发电机的发明

1821年，奥斯特通过实验揭示了电与磁之间的联系，电能够"生"磁，为电动机的诞生奠定了基础；法拉第运用逆向思维设想，既然电能够"生"磁，那么磁能否"生"电呢？经过努力，于1831年发现了电磁感应现象，使发电机的发明成为现实。

可见，联想在创意过程中起着催化剂和导火索的作用，许多奇妙的新观念和创意，常常由联想的火花点燃。

眼镜的发明

眼镜是一个小发明，但它的意义却非常重大。这个发明为许多人开创了新视界，重新打开了那扇因种种原因关闭了或半掩着的看清世界五彩缤纷面貌的窗户。

精彩回放

早在5 000年前，古埃及就发明了玻璃的制造方法，也发现了玻璃球可以放大物体的现象。但是，埃及人并没有发现玻璃更多的用途，因此也没有利用玻璃制造眼镜。

几千年以后，英国人和罗马人也掌握了玻璃制造的方法，并制作出用木框嵌镶玻璃球或宝石球的放大镜用来看物体的高级玩具。

人类发明眼镜以前相当长的一段时间里，其生活方式和职业均受到视力的制约。猎人的远视力比近视力更为重要，用近视力的手工业者、能工巧匠通常在45~50岁，因看不清近物而不得不结束他们的职业生涯。随着印刷术的发明和文化的传播，学习和阅读的人也逐日增多，因此对需要改进视力的人也越来越多了。那种昂贵的、水晶石制作的眼镜只能被极少数的人所拥有，已不能满足众人的需要，人们渴望有一种大众化的新型工具来改进视力。

11世纪阿拉伯学者阿尔哈森研究了透过镜头放大物体的原理，1270年英国的罗格·培根更仔细地研究了透镜的特性。1317年意大利贵族阿尔马塔斯把玻璃球装上一个框子造出了眼镜，在这几年前意大利的斯皮纳也造了眼镜。

13世纪中期，英国人培根想发明一种帮人们提高视力的工具，但屡试屡败。一天他到花园散步，透过蛛网上的雨珠，他发现树叶的叶脉被放大了许多，竟然连上面的细毛都能看清楚。有所感悟的他立即跑回家，找出一颗玻璃球放在书上，但文字依旧模糊不清。他灵机一动，用金刚石割出一块玻璃，靠近书本，文字果然放大了。后来，他在木片上挖个圆洞，将玻璃装上，再按上一根柄，于是第一个放大镜出现了，这就是眼镜的雏形。

1317年，威尼斯这个当时的眼镜制造中心，还对眼镜的制造和销售作出了具体规定。那时的眼镜是用水晶石或玻璃做的镜片，镶嵌在金属、木质、角质和骨质框架中所构成，两块镜框是由一个固定的卡钳式镜桥将其卡在鼻梁上，这种眼镜戴在鼻梁上常常摇摇晃晃，很不稳定。17世纪，有人在眼镜框的边缘钻上小孔，用细绳从中穿过，然后将它套在脑后或系在耳朵上，这才使眼镜牢牢地固定在鼻梁上。

眼镜并没有很快流行起来，主要是因为透镜研磨技艺没有得到充分的开发。效果很好的透镜表面应该是光滑的，曲线也应该是均匀的。17世纪

透镜制造者对能否生产出质量良好的透镜仍然存在着困难，那时显微镜、望远镜都还在研制之中。

双光眼镜是美国科学家、外交家本杰明·富兰克林在1780年发明的。

而日本的古代眼镜上有一个向下的支架，从而更增加了它的稳固性。从此，眼镜的形状基本固定下来，成为人们日常生活中不可缺少的用品。

柯博士点评

　　眼镜的发明适应人们的需要，这也就是小发明的动机。在那个历史时期，各地的人们对调整视力都产生了需要，因而在各个地区的一些善动脑的人都先后对这种需要产生了兴趣，也就先后的发明了眼镜。甚至，直至现代许多人都无法确定眼镜的发明者，这是早期人类一些发明的共同点。从这里我们也能看到人类文明初期的创造精神，也能体现出一直延续的需要是发明的动力的论断。

相关链接

◎ 保护视力

　　1. 注意用眼卫生

　　用眼要有适当的光线，不要在强光或弱光下看书；用眼时要有良好的习惯，不要走路看书；用眼时要注意体态的端正，不要躺着或在摇晃的车厢内看书；读书、写字时姿态要端正，眼睛距书本不宜过近或过远，以30～40厘米为宜；看电视时眼距电视应保持3米左右；注意用眼时间不要过度和适当休息，不要长时间的看书、看电视、用电脑。

注意保护眼睛的清洁，防止灰尘、沙粒等异物进入眼睛，不用脏手揉眼，防止眼睛受到物理的、化学的刺激。要认真做好眼保健操，使眼睛在视力疲劳时得到充分的恢复。

2. 养成良好的饮食习惯

全面地涉猎食物是身体健康的基础，当然，这对于眼睛的视力也是非常重要的。因此要特别注意饮食的营养全面性，更应该进食有利于眼睛的食物。

青少年常犯的毛病是偏食，这对于眼睛的健康是十分有害的。所以，不要偏食、挑食、暴饮暴食，多吃水果、蔬菜，少吃糖，养成良好的饮食生活习惯。平时注意补充有助于维持正常视力的营养物质维生素A；动物性食物如：动物肝脏、乳及乳制品、蛋黄、鱼虾等；还有植物性食物如：胡萝卜、菠菜、西红柿、豆及豆制品等。

3. 加强体育锻炼

经常锻炼身体，具备良好的身体素质，并注意保持充足的睡眠。平时做到坚持做眼保健操，有利于减缓视力疲劳。

注意经常进行户外活动、远眺等，阳光和新鲜空气是身体健康不可缺少的。

4. 定期检查视力

一旦发现视力下降应先到医院就诊，假性近视则可以通过治疗得以恢复；真性近视应及时配戴眼镜加以矫正，防止视力进一步下降。

 发明展台

◎ 变焦眼镜

随着年龄的增长，人眼睛的外层会逐渐失去弹性。此时，人眼不能从远端物体向近处物体进行变焦。一种常见的补救方法是佩戴分区双光眼镜。使用者可以从这种镜片的上部看远处，从下部看近处，但在远近物体之间进行转换时，目光需要在上下镜片之间移动。目前市场上，一种由上而下缓慢过渡变焦的眼镜受到很多人的青睐，但这款眼镜仍需要配带者目光上下游动。双光眼镜的视野有限，使用者如果想看到附近物体，便需要向下看，在某些情况下，这可能还会引起眩晕和不适感。

美国人斯蒂芬正是迎着这种需要发明了变焦眼镜。他说："我的发明至少可以使世界上20亿人受益。"的确，很多人急切需要变焦眼镜。对于年轻人特别是儿童而言，配眼镜是一件痛苦的事。他们正处于发育期，加上学业和工作压力大，他们的视力会不断发生变化，要想拥有一副适合的眼镜就必须不断去验光换镜片。而对于变成远视眼的中老年人而言，戴眼

镜就更痛苦了，戴上老花镜看不了远处，摘下又看不了近处，出门时如果忘带老花镜，可能这一天有很多事都做不了。

早在20年前，斯蒂芬就想研制这样的变焦眼镜了。从1992年起，筹集到私人投资的斯蒂芬组建了一个公司，正式涉足调焦眼镜领域。经历了无数次失败之后，他终于制作出了一种由双层镜片组成，内部附加了一个液体薄膜层，并在鼻梁架上安装一个微型滑轮的特殊眼镜。当使用者调节微型滑轮时，薄膜层内液体形状发生变化，焦距随之变化，镜片度数也相应变化。斯蒂芬说："制作变焦眼镜的原理并不复杂，主要还是受到材料的限制。"

另一种变焦眼镜则更令人叹奇，这种眼镜使用了电子液晶技术变换焦距，使眼镜更加实用。

◎ 自行可调焦距的眼镜

英国退休教授乔希·西尔弗在21世纪初，发明一种由配戴者自己调整度数的可调眼镜，并已向15个国家的穷人分发大约3万副。

他雄心勃勃地希望这种眼镜在2020年能惠及世界10亿穷人。根据他的详细调查，估计全球半数以上人口需要矫正视力，分发10亿副可调眼镜绝不是他的终极目标，他希望他的眼镜惠及全人类。

西尔弗的发明灵感源于1985年3月23日，他任牛津大学物理学教授时和同事的一次偶然交谈。

他当时谈到光学透镜时突发奇想，想看看能否不借助昂贵的专业设备来调整透镜度数。一旦可行，由这种透镜制成的眼

镜就能经配戴者自己调整到合适度数。如果廉价，这种眼镜就能造福无数买不起眼镜的人。

西尔弗历经20余年找到了问题的答案，正一步一步走近下一个梦想。

可调眼镜是一个非常简单的小发明，依据的原理很简单。透镜越厚，度数调节范围越大。眼镜两片硬塑料透镜内部各有一个填有液体的透明圆囊，分别连着各自镜腿上的小注射器。

配戴者通过调整注射器上的刻度盘改变囊膜内液体量，从而改变透镜度数至满意程度，然后拧小螺丝密封圆囊，再卸掉注射器，最后制成一副合适自己的眼镜。

西尔弗团队发现，这种眼镜的操作方法相当简单，配戴者几乎不需要指导就能完全掌握。

但西尔弗自己并不满意眼镜的笨拙外表和大小。

他说："正致力设计一些新款，将需要进一步研究降低成本，使眼镜的成本降至1美元"。

重赏之下问世的罐头

自人类出现以来，贮藏食物就是和人类生存息息相关的问题。食物贮藏方法的种类很多，一般都将推选"罐头"吧！在各种贮藏方法中，只有罐头能被列为意义最重大的发明之一。然而，罐头的发明人却不是科学家，只是一个有头脑的、熟练的食品工人。

精彩回放

18世纪末到19世纪初，正是拿破仑攻城掠地，锐不可挡之时，然而令拿破仑最为头痛的，就是军队食品的供应问题。由于远途兴师动众，加上天气炎热，新鲜食物常常是没等运到前线就变质腐烂了，战士们吃不到营养丰富的肉类、蔬菜和水果，加上士兵水土不服，部队的战斗力大大受挫，拿破仑为此不得不下令寻求食品保鲜办法。

于是，法国街头到处贴着这样一则悬赏布告：

如果哪位公民可以提供久藏远近新鲜蔬菜和水果的方法，法国政府将奖励他1.2万法郎。

布告贴出去好多天了，尽管看热闹的人很多，也有许多人跃跃欲试地想得到这笔奖金而苦苦动脑筋，但却没有一个人能想出切实可行的好办法。

一天，年轻的尼古拉·阿佩尔看到了这个布告，便引起了他极大的兴趣，因为他是一个不错的食品制作内行。于是他决心研究发明一种食品保鲜的技术。

回到家，阿佩尔便对妻子说："亲爱的，明天多买些蔬菜回来吧。"

"多买了会烂掉的呀！"

"你多买些嘛，我想进行研究试验。"

妻子笑着说："你又想搞什么名堂，难道想去得那1.2万法郎，成为发明家吗？"

第二天，妻子买回了好几种蔬菜，并协助丈夫把它们搬到了阴暗处。可是，几天之内，这些蔬菜就先后烂掉了。看来这个办法行不通。

阿佩尔又想了一个办法，他分析食品变质可能是因为食品里面掉进了脏东西，正是这些脏东西最终导致食品腐烂。于是，他又把各种蔬菜水果进行清洁后，将其严严实实地包裹起来贮藏，希望洁净能使食品多保存些时间。结果保存的时间也只是稍稍长了一点，仍然达不到长时间保存不变质的要求。

阿佩尔没有气馁，开始认真查阅各种图书资料。

一天晚上，刚刚吃罢晚饭，阿佩尔又琢磨起来，餐桌上还放着他们吃剩的饭菜。妻子边收拾剩菜，边自言自语地说："我把它们端到厨房去煮一煮，这样就不会变质了，明天还可以吃。"

说者无意，听者有心，阿佩尔的眼睛一亮，"是呀，如果我们把食物煮沸后再封闭起来，把蒸煮、保洁、密封这几种办法结合起来，食物保存的时间不是可以长久些吗？"

阿佩尔立即行动起来，他把食物装进玻璃瓶里，放到水里煮沸，再用涂了蜡的软木塞将瓶口塞紧，并用金属丝扎封，随后又将瓶子放到开水中煮了一段时间，捞出降温后，再用粗麻布将瓶子裹了一层又一层。当他确信瓶子已经完全密封了之后，便把瓶子放在常温下保存了起来。

令人心焦的两个月过去了。阿佩尔小心翼翼地将这只玻璃瓶打开，倒出食物闻了闻，觉得并没有什么异常的味道。他叫来妻子，各自品尝了一口，菜味几乎就像刚做好时一样鲜美，食物没有变质！

成功了！阿佩尔和妻子高兴得跳了起来！

阿佩尔把他的食品保鲜法奉献了出来。1804年，法国海军部对罐藏法进行了鉴定。他们从阿佩尔制作的玻璃罐头中抽取了一些样品送到布列斯特，这批罐头经过几个月的海上运输、酷暑和潮湿的考验并存放三个月后，味道鲜美如初。海军军区司令员在报告中写道："加肉或未加肉制成的豆角和青豌豆依然保持着其原有的鲜度和鲜菜的美味"。

1809年，阿佩尔终于得到了拿破仑的重赏，他用这笔奖金建立了世界上第一家罐头厂，并在附近开辟了菜园，种出的蔬菜直接送到罐头厂加工装罐。由于资金雄厚，工厂规模很大，制造出70多种罐头，销往西欧各国。

阿佩尔的食品保鲜技术成功了，但是人们并不能科学地解释这种技术。直至1862年，法国生物学家巴斯德发表论文，阐明食品腐败是细菌所致，才揭开了这种食品保鲜技术的科学道理。于是，罐头工厂生产罐头食品采用蒸汽杀菌技术，使罐头食品达到无菌的标准。

柯博士点评

罐头的发明者阿佩尔是一个有心计的食品工人，在重赏之下有许多人期盼着中奖，都看着重奖为之心动，但他们并没有因此而中奖，而偏偏是阿佩尔获得了这个荣誉。因为他具备了其他人不具备的条件，那就是他具有发明家的品质。这个品质就是他善于思索、善于联想、并有专心致志的毅力。

中奖固然是一种动力，但它并不是一种发明家的优秀品质，而只有具备发明家的某些优秀品质才能使他们做出更多发明的成果。

阿佩尔的发明也属职业性的发明，它具备食品制作技术基础，这无疑是他十分热爱自己的工作的原因。

相关链接

◎ 学会选购罐头食品

一般食物如肉、鱼、蔬菜、水果等都可以制成罐头，罐头食品主要是将食品置入空罐中，经过脱气、密封后，再加热杀菌以达保存的目的，所以杀菌或密封过程未完成时，罐头食品容易败坏而无法食用。我们选购罐头食品时，尤其要注意以下两点：

1. 观察罐头外观是否正常

如果在选购罐头食品时，发现有膨胀、弹性罐或凹罐情况，就不要购买，因为这种罐头可能已经受到生物作用或产生化学变化，而不适于食用了。

观察罐头是否光洁，如果发现罐头有生锈或刮痕，就可能造成罐头穿孔，微生物很容易侵入繁殖使食物腐败。为了确保食品的安全，这种罐头最好不要购买。

观察罐头封口是否紧密，如果拿起罐头，轻轻摇一摇，有汁液漏出，则表示封口不紧密。封口不紧密，微生物很容易进出，使罐头内食品被污染，

这种罐头也不要购买。

2. 认真观察阅读罐头标签

有些罐头标签上会注明罐头中加入了某种添加剂，只要是符合规定的，消费者可安心食用，因为加入添加剂主要是为了保持食品的营养价值及风味和外观等品质。只要使用恰当，对人体是无害的。

阅读标签上的生产日期和保质期限。生产日期并不是唯一用来判断罐头品质好坏的标准，因为罐头品质与贮存期间的各种环境因素也有很大关系。但是一般封罐情形较好的罐头可保存一年至两年。有些罐头还会标明食用期限，如果已经过期或没有标示清楚的罐头，千万不要购买。

◎ 巴氏灭菌法

巴氏灭菌法（pasteurization），亦称低温消毒法，冷杀菌法，是一种利用较低的温度既可杀死病菌又能保持食品中营养物质风味不变的消毒法，现在常常被广义地用于定义需要杀死各种病原菌的热处理方法。

巴氏灭菌法的产生来源于巴斯德解决葡萄酒变酸的问题。当时，法国酿酒业面临着一个令人头疼的问题，那就是啤酒在酿出后会变酸，根本无法饮用。巴斯德受人邀请去研究这个问题。经过长时间的观察，他发现使啤酒变酸的罪魁祸首

是乳酸杆菌。营养丰富的啤酒简直就是乳酸杆菌生长的天堂。采取简单煮沸的方法是可以杀死乳酸杆菌的，但是，这样一来啤酒也就被煮坏了。巴斯德尝试使用不同的温度来杀死乳酸杆菌，而又不会破坏啤酒本身。最后，巴斯德的研究结果是：以50～60℃的温度加热啤酒半小时，就可以杀死啤酒里的乳酸杆菌和芽孢，而不必煮沸。这一方法挽救了法国的酿酒业。这种灭菌法也就被称为"巴氏灭菌法"。

当今使用的巴氏杀菌程序种类繁多。"低温长时间"（LTLT）处理是一个间歇过程，如今只被小型乳品厂用来生产一些奶酪制品。"高温短时间"（HTST）处理是一个"流动"过程，通常在板式热交换器中进行，如今被广泛应用于饮用牛奶的生产。通过该方式获得的产品不是无菌的，即仍含有微生物，且在储存和处理的过程中需要冷藏。"快速巴氏杀菌"主要应用于生产酸奶乳制品。目前国际上通用的巴氏高温消毒法主要有两种，因加热的温度不同而效果也不一样。

通常，市场上出售的袋装牛奶就是采用巴氏灭菌法生产的。工厂采来鲜牛奶，先进行低温处理，然后用巴氏消毒法进行灭菌。用这种方法生产的袋装牛奶通常可以保存较长时间。

随着技术的进步，人们还使用超高温灭菌法（高于100℃，但是加热时间很短，对营养成分破坏小）对牛奶进行处理。经过这样处理的牛奶的保质期更长。我们看到的那种纸盒包装的牛奶大多是采用这种方法。

◎ 路易斯·巴斯德

路易斯·巴斯德，法国微生物学家、化学家，近代微生物学的奠基人。开辟了微生物领域，创立了一整套独特的微生物学基本研究方法，开始用"实践—理论—实践"的方法研究，他也是一位科学巨人。

巴斯德被认为是医学史上最重要的杰出人物之一。1881年，巴斯德改进了减轻病原微生物毒力的方法，他观察到患过某种传染病并得到痊愈的动物，以后对该病有免疫力。据此用减毒的炭疽、鸡霍乱病原菌分别免疫绵羊和鸡，获得成功。这个方法大大激发了科学家的热情。人们从此知道利用这种方法可以免除许多传染病。

1882年，巴斯德证明病原体存在于患兽唾液及神经系统中，并制成病毒活疫苗，成功地帮助人类获得了该病的免疫力。按照巴斯德免疫法，科学家们创造了防止若干种危险病的疫苗，成功地免除了伤寒、小儿麻痹等疾病的威胁。

在细菌学说占统治地位的年代，巴斯德并不知道狂犬病是一种病毒病，但从科学实践中他知道有侵染性的物质经过反复传代和干燥，会减少其毒性。他将含

有病原的狂犬病的延髓提取液多次注射兔子后，再将这些减毒的液体注射狗，以后狗就能抵抗正常强度的狂犬病毒的侵染。

1885年人们把一个被疯狗咬得很厉害的9岁男孩送到巴斯德那里抢救，巴斯德犹豫了一会后，就给这个孩子注射了毒性减到很低的狂犬病毒提取液，然后再逐渐用毒性较强的提取液注射。巴斯德的想法是希望在狂犬病的潜伏期过去之前，使他产生抵抗力。结果巴斯德成功了，孩子得救了。在1886年，他还救活了另一位在抢救被疯狗袭击的同伴时被严重咬伤的15岁牧童朱皮叶。

1889年由巴斯德发明的狂犬病疫苗问世，现在记述着少年的见义勇为和巴斯德丰功伟绩的雕塑就坐落在巴黎巴斯德研究所外。

巴斯德成功地研制出鸡霍乱疫苗、狂犬病疫苗等多种疫苗，其理论和免疫法引起了医学实践的重大变革。

发明展台

◎ 食品保鲜法新技术

近年来，世界各国不断推出新的食品保鲜方法。与传统保鲜法相比较，现代保鲜技术正朝着处理简便、保鲜期长且不改变食品原有风味、低能耗、无毒无害方向发展。

美国科学家发明用热空气及低频声波同时冲击食物的保鲜技术，这种方法不仅可以大大缩短食品脱水时间，成本低于冷冻保存法，而且能保持食物原有的鲜味及营养价值。声波法能使橘子、番茄等脱水成粉末状，便于加工贮藏。用经过声波干燥的玉米糖浆烤制的面包，

糕点味道格外鲜美。

最近国外研制成功一种电子保鲜机，这种机器放在果蔬贮藏室，可使贮藏室存放的水果和蔬菜15天内保持鲜嫩。

该保鲜机是利用高压负静电场所产生的负氧离子和臭氧来达到保鲜目的。负氧离子可使果蔬内进行代谢过程的酶钝化，从而降低果蔬的呼吸程度，减少果实催熟剂乙烯的生成。臭氧则是一种强氧化剂，又是良好的消毒杀菌剂，能杀灭和消除果蔬上的微生物及其分泌的毒素，抑制并延续有机物的分解，从而延长果蔬贮藏期。

减压保鲜贮藏也是一种不错的保鲜技术，这种技术是把保鲜的果蔬放在一个密闭冷却的容器内，用真空泵抽气，使之取得较低的绝对压力，其压力大小要根据物品特性及贮温而定。当所要求的低压达到后，新鲜空气不断通过压力调节器、加湿器，带着近似饱和的温度进入贮藏室。真空泵不断地工作，物品就不断得到新鲜、潮湿、低压、低氧的空气。一般每小时通风4次，就能除去物品的田间热、呼吸热和代谢所产生的乙烯、二氧化碳、乙醛、乙醇等不利因子，使物品长期处于最佳休眠状态。不仅贮藏期比一般冷库延长3倍，产品保鲜指数大大提高，而且出库后货架期也明显增加。

挽回面子的小发明

有些小发明往往是因为一次特别的机遇，这个机遇产生了某些不便或尴尬，因此，激起了发明者的欲望。如果是善于思考的人有了欲望，就有可能产生一个发明。

精彩回放

提兜、塑料袋都是一些常见的最普通的日用品。这种普通的日用品并不引起人们的特别观注，但在人们日常生活中却谁也离不开它。甚至有人因这个小日用品而烦恼，而有些人则因这个小日用品创造了奇迹。

北京市顺义区小店乡的一个普通农民胡振远，因一次不慎而丢了面子，他为了挽回面子却有了一次发明，并因此获得了巨大的成功，成为了一个成功的企业家。

2001年春，他受朋友邀请，前往韩国旅游。赴韩国前，朋友们纷纷要他带点韩国泡菜回来。可是，他在韩国买好泡菜后，却在回旅店的路上遇到了麻烦。

他拎着足足有30多公斤重的4大袋泡菜，走着走着，双手很快就被勒得血红，感觉火辣辣地痛。于是，他便在路上顺手折下了一段松树枝，用来做提手。谁知，韩国警察认为他损坏树木，以破坏韩国生态环境为由，罚了他50美元。

这件事使他觉得既划不来，又给中国人丢了面子。事后，他总想从韩国人那儿挽回面子，可怎么挽回呢？

这时，他突然想到，自己在韩国超市购物时，常常看见顾客提着购物袋都出现勒手的现象，心想如果自己能发明一种方便人们提拿物品的工具，不是既能解决人们购物后的烦恼，又能让韩国人不小看自己吗？

旅游结束回国后，他便开始琢磨，并将这个想法设计了出来。他首先设计了一个类似小扁担状，中间是提杆，两边是挂钩的小型提手。第一次制作时，他采用了铁质材料，以为这种材料制作出来的提手既结实耐用又承重力强。但做出一个样品后，他拿在手上感觉很笨重，携带不方便，而且铁质材料在冬天还会随着气温变低而发冷，让使用者有冰凉的感觉。于是，他又转而做了个塑料提手，使用了几次后，觉得效果不错，就拿着它去买鸡蛋。

谁知，他提着鸡蛋正洋洋得意时，提手却忽然断裂，摔破的蛋液溅了他一脚。显然，塑料提手承重力不够。以后他又试过用木质材料做提手，可强度还是不够，而且不利于环保。最后，他经历了好长一段时间，终于找到了用聚丙烯塑料材料制作提柄的方法。

他先后做过多次实验。为了实验提手的承重力，在提手两边挂上6块砖头，为了提高提手的承重能力，他把横杆部分由实心改为空心。

这个利用杠杆原理设计的提手小巧，携带方便，即使上面挂上十几斤重的物品也丝毫不感觉是负担。提再重的东西也毫无勒手的感觉。

2001年底，他申请了国家发明专利，一个新型的小提手终于诞生了。不久，他开始生产小提手，并销往世界各地，同时销往韩国，受到了韩国大众的欢迎。后来人们才知道这个发明者正是那位在韩国旅游时，因折树枝提拎塑料袋被罚的中国人。

柯博士点评

胡振远的小发明，在科技发展的今天是一个奇迹。这项发明并不是一项科技含量高的发明，而是一件许多人都能做到的发明。可是，发明人并不是别人，而是胡振远。这是因为他的这项发明起源于他的一段经历和他的自尊心。

胡振远在一次不慎的行动中，自尊心受到了挑战，他为了挽回因自己不慎而自尊心受到的挑战萌生了发明的想法，并且坚定这个目标去努力探索研究，最终获得了成功。

生活中有许多小事蕴藏着机遇，只要你抓住机会，观察、思考就会为解决一个问题而有所发明。

当人们为了吃饭方便时，就发明了筷子、餐刀及叉子。这就是解决问题引出的发明。胡振远是为了挽回面子，苦思冥想，当他看到和想到并体会到用手拎兜的不便时，他想到了要解决这个问题，并想到借用扁担的担货形式来解决这个问题。经过了多次的研究实验，终获成功。

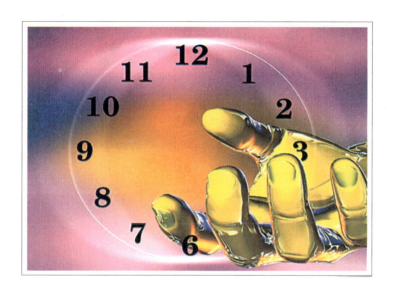

 相关链接

◎ 科学小发明

科学小发明是指在日常学习、生活、劳动中，对那些感觉到用起来不称心、不方便的东西或方法，运用科学知识，设计、制造出目前还没有的更称心、更方便的新物品或新方法。它同"大发明"比较起来，选择的范围比较窄，解决的问题比较单一，使用的材料比较好找，所花的经费也不多，所以称为"小发明"。

小发明虽小，但对社会生活的影响并不一定小，有的小发明给人带来

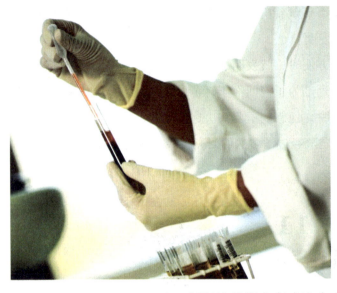

的方便也是不可低估的，甚至有些小发明对人的影响深远。经磨又耐用、式样新颖的牛仔裤就风行世界，因此成为了劳动保护服装的始祖。

小发明具有新颖性、创造性、实用性。

新颖性是指在完成这个小发明之前，还没有出现过同样内容或技术的产品。也就是说，在街上的商店里买不到同样的产品，也没有在书刊、广播电视中看或听到过介绍。同样的发明，既没有由他人向专利局提出过申请并记载于专利申请文件中，也没有由他人申报参加各级发明创造比赛。但是，如果你在别的发明上增加了新的功能、新的方法、新的用途，或是将原有的几件物品巧妙地组合在一起，构成一个新个体，增加了新的功能，那也算具有新颖性。

创造性是指小发明同原来的同类产品已有的技术相比，有突出的实质性特点和显著的进步。

实用性是指该发明能够制造或使用，并且产生积极的效果。小发明要能够做成实实在在的物品，不能只是想法或设计图纸，而且还要能够解决生产和生活中的实际问题。

发明展台

◎ 指甲钳

在指甲钳出现以前，人们都是用剪刀剪指甲。20世纪30年代美国人沃斯·福柯世基尔利用杠杆原理发明了指甲钳。这个小小的发明给人们的生活带来了许多方便。小小的指甲钳从此普及到了全世界，并又有许多人不断地进行了改进，这些改进当然也是了不起的小发明。

◎ 手表电视

电视是人们经常接触的电器，现代的人们几乎一天也离不开电视。移动的无线电视因此受人们的青睐，不过也有人嫌携带不方便。于是，一款便于携带的手表电视诞生了。

日本推出了一种液晶的"手表型电视"，电视屏幕尺寸和袖珍数码相机的显示屏差不多。机身内置锂离子充电电池，充电1.5小时后可以欣赏约1小时的电视节目。

手表电视除机身之外，还配套带有可套在手腕上的腕带，能像手表一样戴在手腕上。

手表电视没有天线，但可插入带有天线功能的耳机欣赏节目，灵敏度为便携式电视的标准级别，和移动电视相比并不比移动电视差。

手表电视可以在室内窗口、室外无障碍处收看电视节目。

虽然搭扣式的腕带看起来不太时尚，但机身仅重55克。

开玩笑发明厨师帽

有许多服装鞋帽都带有职业特点，比如医生、护士的帽子，马戏团小丑的帽子等。厨师的帽子也有自己的职业特征，人们一看见这种帽子就想到了厨师，而且厨师的帽子还能告诉你一些关于厨师水平的信息。

精彩回放

据资料记载，18世纪末，法国巴黎一家大餐厅有位颇有名气的高级厨师，名叫安托万·克莱姆，这位厨师手艺高且乐观向上性格幽默。

一天，他看到有位顾客头上戴着一顶白色高帽子，觉得十分别致，心想：他的帽子很有趣，我要是戴上这种帽子说不定会更有吸引力。

于是他就请帽匠师傅仿制了一顶，这顶帽子几乎和那位顾客的帽子一样，不过就是比那位顾客的帽子更高了一点。当他再次见到那位顾客的时候，还和那位顾客开玩笑："瞧，我的帽子比你的帽子更高些。"

他戴上这顶帽子进进出出，许多顾客看了这种新型的帽子都感到十分新奇，甚至有人竟然发笑不止。一时顾客慕名纷至沓来要专门看看这顶新奇的帽子，因此，他在的这家大餐厅的生意兴隆起来，整天顾客盈门。

有的饭店、菜馆的老板、厨师们听说后也纷

纷赶来，为的就是一睹安托万·克莱姆和那顶帽子的风采。并且还有许多的厨师也纷纷效仿，也都戴上了高顶的帽子以招揽生意。久而久之，白色的高帽子便成了厨师们的一种装饰品。

更有趣的是，有关部门还制订了戴帽的标准。根据厨师技术水平的高低和厨师工龄的长短，分别规定厨师所戴帽子的高低。这样使人们一看到厨师头上的帽子，就知道这位厨师的烹饪水平，帽子越高，手艺也就越高超，于是厨师的帽子竟然成了厨师的职称标签。

厨师常戴的帽子，最高的竟达35厘米。所以，在法国人们总爱用"大帽子"这一称号称呼那些技术水平高、有名气的老烹调师。后来，国际上还曾成立过一个厨师帽会组织，总部就设在厨师高帽子的发源地——法国巴黎。

柯博士点评

标新立异独出心裁是发明的一种方法，有许多的发明都是出新的成果。安托万·克莱姆是个热心幽默的小伙子，他追求出新以引起人们的注意，这种心理就是他发明的基础。

发明就是要有出奇、出新的想法，有追求卓越、创造新奇的想法。

当然，出新是必须符合需要和可能的，不是无意义的出新。所谓需要，在这里指的是，对于人们的生产生活有所帮助，能够给人们在各方面提供方便或能够满足人们对于在物质享受或精神享受方面的追求不断提高的愿望。

发明的目的是为了创造出新的产品，而这个新的产品必须要能够满足

人们在某一方面的具体需要，这就是产品的实用性，如果没有实用价值，不能够满足人们某种需要，那么这样的产品也就没有了存在的价值。

安托万·克莱姆的出新引起了大众的兴趣，这种出新可以起到招来顾客的作用，而到后来竟然演变成厨师的职业着装，那就更有实际意义了。

相关链接

◎ 令人眼花缭乱的迷彩服

古代军士的服装缺少隐蔽性，因为那时是冷兵器时代，显示军威是主要的。剑客、武士都是身披甲胄，威风凛凛，服装都是很鲜艳的、显眼的。

可到了近现代已进入热兵器时代，军士的隐蔽就是一个大问题了。

据记载：18世纪，英国殖民主义者得意扬扬地到达了非洲南部进行掠夺，却遭到土著人的奋起反击，英军横尸遍野，损失严重，土著人却伤亡极少。

英国军官很奇怪：论军队人数，英军成排成连，数百之多；土著人三五一伙，散兵游勇。论武器火力，英军洋枪、洋炮，远程射击；土著人木棍、毒箭，近距搏杀。为什么英军老打不赢呢？他们向英军统帅部作了报告。

不久，几个专家来到前线进行调查。调查的结果使统帅大出意外，原来英军打败仗的主要原因是士兵穿的服装颜色有问题！

专家们解释道：土著人头上戴着树枝，身上披着树叶，躲在草丛中，很难被发现。而我们自己的士兵，"上红下白高帽子"，在野外非常显眼，目标大，容易遭到攻击。

有一位专家将带回的几种活蚱蜢给大家看，然后说道："蚱蜢躲在草里，我们为什么很难发现？因为它身上的黄绿颜色同周围环境很相似，这就是保护色。如果我们要打胜仗，原来的红色军服必须改成黄绿色。"

统帅部采纳了专家建议，很快下达了命令，英国士兵的军服一律改换为黄绿色，同时大型火炮的炮身也涂刷成黄绿色，增加隐蔽性。从此，战局发生转折，英军获胜。消息传出，别的国家也跟着学，将军装改制成黄绿色了。

但是，战场并不是都有丛林，它也是千变万化的，有时是在雪原、有时也在山地，环境的变化也给战士的隐蔽带来麻烦。所以、在近现代又出现了迷彩服。

迷彩服是近现代士兵作战和训练的服装，服装上印有不同颜色和不规则图案。迷彩服要求其反射光波与周围景物反射的光波大致相同，不仅能迷惑敌人的目力侦察，还能对付红外侦察，致使敌人现代化侦视仪器也难以捕捉目标。

现代的迷彩服来自于苏格兰猎鸟人伪装服，这种服装是一种由猎户使用的伪装服装，相传为猎手吉利所发明，主要用在隐身于丛林中，麻痹鸟儿以实施猎杀鸟类。

最初的迷彩服就是一件装饰着许多绳索和布条的外套，在植被茂密的环境中隐蔽效果很好，即使警觉敏锐的鸟儿也难以发现。

第一件真正意义上的迷彩服诞生于1929年的意大利，有棕、黄、绿和黄褐4种颜色。二战时德国发明的"三色迷彩服"，则是首次大规模投入使用的型号。这种迷彩服上遍布形状不规则的三色斑块，一方面可歪曲人体的线条轮廓，另一方面其中部分斑块颜色与背景色近似一体，部分斑块又与背景色差别明显，从视觉效果上分割了人体外形，从而达到伪装变形的效果。

现代迷彩服还可根据不同需要，用上述基本色彩变化出多种图案。有的为了提高迷彩的通用性，专门为其作训服研制了一种布料两面印染多种颜色的工艺，一面印有标准森林陆地图案，另一面印有三色沙漠图案。

迷彩服里面配有木棉汗衫、毛衣和棉衣，增加了吸湿、保暖功能，即使在-30℃气候条件下也可以发挥"防水御寒"的超高性能，可起到良好的避水、防风功能。

发明展台

◎ 不沾食品的多孔切菜刀

当你用菜刀切肉、菜等食品时，肉、菜、会粘在刀面上，要经常停下来拨掉再切，非常不方便。

不同的食品粘在刀面的情况各不相同，共同的特点是所切的食品和刀面的接触面越大，粘在刀面的可能性就越大，空气对粘住物体的压力就越大。

菜刀是每个家庭必备的日常用具，为了更方便地使用，有一个小学生决定对菜刀进行改进。经过多次改进和对比试验，他在刀面最经常和食品接触的地方均匀地钻了98个孔，这样在有小孔分布的地方，刀面与食品的接触面积减少了75%以上。经过厨师的实际应用，他们感到多孔菜刀在切肉、菜等食品时，效果很好。这个小发明已经申请了专利。

神来之笔的发明

蛋卷冰激凌如今早已风靡全球，成为受大众欢迎的冷饮，但您也许不知道，这种风味独特的冷饮与世博会还有着一段故事。

精彩回放

汉威是西班牙一个制作糕点的小商贩，在狂热的移民潮中，他和许多充满希望的人来到美国。但美国并不像他想象的遍地黄金，他的糕点在西班牙出售和在美国出售并没有什么两样，他整天在忙忙碌碌地打点着自己的小生意。

1904年的夏天，在美国的圣路易斯市将要举办一次世界博览会，在世博会期间将有世界许多地方的游客前往观看。这对于做糕点的汉威来说可是一次赚钱的机遇。

这时一个朋友对汉威建议说："到世博会去卖吧，那里的人多，生意会好做一点。"汉威想：这确实也是一次机会，到世博会去碰碰运气。

在世博会开幕的那一天，汉威推着售货车来到了会场外，摆好摊子开始做蛋饼卖。在他的摊子附近是一家专卖冰激凌的

摊子。

那时候，冰激凌做出来盛在小碟子里卖给顾客吃。由于天气炎热，冰激凌的生意非常好，人们排着队争先购买。而汉威的蛋饼却积压了一大摞，无人问津。

汉威正在失望，不知怎么办好的时候，忽然听见卖冰激凌的人连连高声喊道："女士们、先生们，实在对不起，小碟子不够用了。请等一等，等一等！"

汉威听了卖冰激凌摊主的喊声后灵机一动，顺手从自己摊子上捧起一摞蛋饼送过去，很客气地说道："来，请用我的蛋饼代替碟子吧。大家可以连它和冰激凌一块吃掉。"

卖冰激的摊主一见汉威递过来的一摞蛋饼，他想："好吧，这个主意挺不错"。于是，他用蛋饼代替小碟子卷上冰激凌接着卖。

顾客们为了解渴并不管用碟子还是什么，照样排队买冰激凌。有的说："这下子可节省不少时间，比拿碟子回去方便多了。"有的说："嗯，这样吃味道更好了。"通过这件意外的事，给汉威留下深深的印记。

圣路易斯世博会结束后，汉威与合伙人开创了公司，将这种冰激凌新吃法——"世博会羊角"推向全美市场，后来经过人们的不断改良，"世博会羊角"最终变成了今天的蛋卷冰激凌。

几年后，汉威根据上次的印象，发明了一种新式机器，大量地生产圆锥形蛋卷冰激凌。这种食品又好拿、又好吃，一投放市场，大受欢迎。

柯博士点评

从一个小本经营的商贩，直到成为一位腰缠万贯的老板，其契机是发明了一种小食品。而抓住市场，赢得了众多的顾客，则使得发明开花结果。其一方面为社会提供了服务，另一方面汉威也因此而发了大财。

其实，每一种发明的诞生，都是要素组合的结果；化学元素的不同配置，更是构成了"万花筒"式的丰富世界。"偶然"的机遇固然值得庆幸，但人们在多半情况下要想获得"创意"仍然有赖于精细的思考，所谓"踏破铁鞋无觅处，得来全不费功夫"，是有"踏破铁鞋"在前，才有灵感火花爆发于不经意的瞬间。遇到意外的机遇是一种偶然，但抓住机遇，认

真思考直至迸发灵感的火花，还是要靠勤奋的思考。

 相关链接

◎ 冰激凌

最早的冰制冷饮起源于中国，那时帝王们为了消暑，让侍从们把冬天的冰取来，贮存在地窖里，到了夏天再拿出来享用。大约到了唐朝末期，人们在生产火药时开采出大量硝石，发现硝石溶于水时会吸收大量的热，可使水降温到结冰，从此人们可以在夏天制冰了。

以后逐渐出现了商人，他们把糖加到冰里吸引顾客。到了宋代，市场上冷食的花样就多起来了，商人们还在里边加上水果或果汁。元代的商人甚至在其中加上果浆和牛奶，这和现代的冰激凌已十分相似了。

制造冰激凌的方法直到13世纪才被意大利的旅行家马可·波罗带到意大利。后来意大利有一个叫夏尔信的人，在马可·波罗带回的配方中加入了桔子汁、柠檬汁等，被称为"夏尔信"饮料。

1553年，法国国王亨利二世结婚的时候，从意大利请来了一个会做冰激凌的厨师，他制作的花样翻新的奶油冰激凌使法国人大开眼界。

后来，一个有胆量的意大利人把冰激凌传到了法国。1560年，法国卡特琳皇后的一个私人厨师，为了给这位皇后换口味，发明了一种半固体状的冰激凌。他把奶油、牛奶、香料掺进去再刻上花纹，使冰激凌更加色泽鲜艳、美味可口。

1860~1872年间，法国人卡莱、美国人波莱和德国人林德相继发明了以氨为制冷剂的压缩机，从此冷冻储藏与冷冻饮品的生产技术发生了根本变化。不久，瑞典人拉伐发明稀奶油分离机，这对生产高脂冰激凌起了决定性作用。1890年美国人巴布考克发明巴氏脂肪瓶，对检测牛乳、稀奶油及冰激凌中的含脂量起到了推动作用。

1909~1912年，法国人戈林制造出第一台高压均质泵，对改善冰激凌

的组织状态与膨胀率起了关键作用。1917年英国琼尼尔兄弟公司发明测定冰激凌膨胀率的技术，对膨胀率的提高起了指导作用。到1920年冰激凌的口感和营养价值已被普遍公认，从那时起冰激凌已经开始非常受大众欢迎。1921年日本开始生产美国式冰激凌。1926年美国食品研究所对混和料的杀菌方法作了进一步的研究，又由于冷藏的改进、运输的发达、家用冰箱的推广、包装的改良、销售网的建立以及冰激凌配料标准的改进，已使消费者随处都可买到冰激凌，冷饮在世界各地到处开花。

目前冰激凌生产手段已经完成由电脑控制，实现了自动化。世界最大的冰激凌生产国是美国，年产量达800多万吨，人均40多公斤。

发明展台

◎ 不占空间能收缩的长凳

空间也是宝贵的资源，在如今人口不断增多的时代，空间就显得更加宝贵了。有人发明了尽量减少空间的能收缩的长凳。

这个长凳应用了折尺的结构，可以在不使用时，或是人比较少的时候，平移合成一个较短的长椅，这样就可以少占用空间。如果有较多的人就可以把可拉开的部分平移成较长的长凳。

让我们更近的发明

"喂，你好吗？美国天气怎么样？""天气不错，北京呢？"虽然我们相距很远，但只要拿起手机打个电话便拉近了我们的距离。

精彩回放

1973年4月的一天，一名男子站在纽约街头，掏出一个约有两块砖头大的无线电话，引得过路人纷纷驻足侧目。这个人就是手机的发明者马丁·库帕。当时，库帕是美国著名的摩托罗拉公司的工程技术人员。

这世界上第一次移动电话的通话是打给他在贝尔实验室工作的一位对手，对方当时也在研制移动电话，但尚未成功。库帕后来回忆道："我打电话给他说：'乔，我现在正在用一部便携式蜂窝电话跟你通话。'我听到听筒那头的咬牙切齿，虽然他已经保持了相当的礼貌。"

到2010年4月，手机已经诞生整整37周年了。这个当年科技人员之间的竞争产物现在已经遍地开花，给我们的现代生活带来了极大的便利。

马丁·库帕已经80多岁了，他在摩托罗拉工作了29年后，在硅谷创办了自己的通讯技术研究公司。目前，他是这个公司的董事长兼首席执行官。马丁·库帕当时的想法，就是想让媒体知道无线通讯，特别是小小的移动通讯手机是非常有价值的。

其实，再往前追溯，我们会发现，手机这个概念早在20世纪40年代就出现了。当时，是美国最大的通讯公司贝尔实验室开始试制的。1946年，贝尔实验室造出了第一部所谓的移动通讯电话。但是，由于体积太大，研究人员只能把它放在实验室的架子上，慢慢人们就淡忘了。

从1973年手机注册专利，一直到1985年，才诞生出第一台现代意义上的、真正可以移动的电话。它是将电源和天线放置在一个盒子中，重量达3公斤，非常重而且不方便，使用者要像背包那样背着它行走，所以就被叫做"肩背电话"。

与现在手机形状接近的移动电话，诞生于1987年。与"肩背电话"相比，它显得轻巧得多，而且容易携带。尽管如此，其重量仍有大约750克，与今天仅重60克的手机相比，像一块大砖头。

从那以后，手机的发展越来越迅速。1991年时，手机的重量为250克左右，1996年秋，出现了体积为100立方厘米、重量100克的手机。此后手机又进一步小型化、轻型化，到1999年就轻到了60克以下。也就是说，一部手机比一枚鸡蛋重不了多少了。

除了质量和体积越来越小外，现代的手机已经越来越像一把多功能的瑞士军刀了。除了最基本的通话功能，新型的手机还可以用来收发邮件和短消息，可以上网、玩游戏、拍照，甚至可以看电影！

这是最初的手机发明者所始料不及的。

 柯博士点评

手机的发明无疑成为上个世纪最成功也是目前为止使用最普及的发明之一。2007年，绰号"街机之王"的诺基亚直板手机1100销售突破2亿台大关，标志着其成为世界上最热销的电子产品，它给人们带来的方便不言而喻。

在人们想缩短彼此之间的距离与他人保持联系的时候贝尔发明了电话。当人们想随时随地方便快捷地与他人联系时，体积小、易于携带的手提电话（手机）应运而生。之后手机可以上网、玩游戏、拍照等等，给快节奏的生活中增添了乐趣。手机的发明和革新不但推动了通信技术的发展，更体现了发明者和革新者的创新意识，如果我们说发明和革新是技术的源泉，那么发明和革新又都源于创新。

相关链接

◎ 手机辐射

当我们用手机打电话时，音频信号经过手机转换为高频率的电话信号，然后通过天线以电磁波的形式发射出去。此时，手机附近就会产生较为强烈的电磁波。电磁波辐射人体后被人体皮肤反射或被人体吸收，极容易造成对人体的伤害。

科学家认为，电磁波辐射对人体的健康影响比较广泛，能引起神经、心血管、免疫、生殖等功能方面的改变，以及造成眼睛的白内障，尤其是神经衰弱症人群的发生率显著增高，其症状一般以头晕、头痛、睡眠障碍、疲乏、记忆力减退及心悸为主。

毫无疑问，射频辐射可以影响细胞活体组织的功能，但一个重要的决定因素是受照物所接受和吸收能量的大小。

减少手机辐射的方法：

第1招：尽量减少通话时间。

第2招：手机尽量不要放在口袋、腰间和床头。

第3招：接通手机最初5秒避免贴近耳朵。

第4招：使用耳机能减少手机辐射。

第5招：青少年儿童少用手机。

第6招：手机信号弱时少听电话。

第7招：怀孕早期最好少用手机。

◎ 3G

"3G"（英语3rd-generation）或"三代"是第三代移动通信技术的简称，是指支持高速数据传输的蜂窝移动通讯技术。3G服务能够同时传送声音（通话）及数据信息（电子邮件、即时通信等）。代表特征是提供高速数据业务。相对第一代模拟制式手机（1G）和第二代GSM、CDMA等数字手机（2G），第三代手机（3G）一般地讲，是指将无线通信与国际互联网等多媒体通信结合的新一代移动通信系统，未来的3G必将与社区网站进行结合，WAP与WEB的结合是一种趋势。

第一代模拟制式手机（1G）只能进行语音通话。

1996年到1997年出现的第二代GSM、CDMA等数字制式手机（2G）便增加了接收数据的功能，如接收电子邮件或网页。

其实，3G并不是2009年诞生的，早在2007年国外就已经产生3G了，而中国也于2008年成功开发出中国3G，下行速度峰值理论可达3.6Mbit/s，上行速度峰值也可达384Kbit/s。

 **发明展台**

◎ 可乐手机

据加拿大《明报》报道，可乐含有咖啡因令人醒神，原来还可以做手机能源。在英国，中国女设计师郑黛子用一部诺基亚手机，设计出一款以可乐来发电的概念手机。不像传统电池"报废"后会产生潜在污染，这款可乐手机唯一制造的废物是水和氧气，既经济又环保，相信可在5年内在市面发售。

据郑黛子说，除了可乐外，只要含糖分的汽水都可以作为能源。手机设计的核心是一片生物电池，利用酵素把碳水化合物转为电力。用户只需把可乐倒进手机，便可从其透明外壳，看到可乐转化为水和氧气的过程。

郑黛子表示，这款生物电池每补充能源一次，可持续使用时间较传统锂电池长3至4倍，有关科技正不断改进。据报道，日本有公司去年已推出 Nopopo 液体电池，便是利用水、可乐、啤酒甚至尿液来发电。

24岁的郑黛子生于中国，16岁到英国伦敦攻读艺术设计，凭借无限创意，成为英国著名产品设计师。据她在网站上的自我介绍，她对日常生活用品设计最感兴趣，喜欢给人新的体验和对身边的事物反思。

◎ 手机蓝牙报警器

利用蓝牙连接进行手机防盗的报警器产品此前已经出现过多款，当手机与报警器距离过远导致蓝牙连接断开时，报警器会发出声音提醒用户防止手机丢

失。近日一款名为ZOMM的蓝牙无线报警器在原有的此类产品上进行了改进，并获得了2010年国际消费电子展（CES）最佳创新奖。

这款报警器产品可以方便的连接到钥匙环上，它拥有扬声器、LED灯、内置麦克风、一个功能按钮。当手机与报警器分开时，他能发出警报声提醒用户。此外ZOMM可以作为一个来电提醒设备，当电话打过来时，该产品会震动、闪光并发出提示音，用户可以将其作为蓝牙耳机进行免提通话。如果用户遇到危险，可以使用ZOMM的紧急报警功能让手机拨打报警电话，并能自动开启免提功能让警察听到现场的声音。

据了解，ZOMM的设计师名字叫 Laurie Penix，她是三个孩子的母亲，因为她的孩子和朋友们经常抱怨把手机给丢了，于是她和丈夫一起创造了ZOMM。除了能保护手机的安全，Laurie Penix还让ZOMM具有报警和紧急呼叫功能来保护孩子们的安全。

电脑的嘴

如果说CPU是电脑的心脏，显示器是电脑的脸，那么键盘就是电脑的嘴，是它实现了人和电脑的顺畅沟通。

精彩回放

最早的键盘是用在早期一些技术还不成熟的打字机上，而不是电脑上。直到1868年，"打字机之父"——美国人克里斯托夫·拉森·肖尔斯获得打字机模型专利并取得经营权经营，又于几年后设计出现代打字机的实用形式和首次规范了键盘，即现在的"QWERTY"键盘。"QWERTY"键盘是以左上角开头六个字母的位置命名的。

起初尝试按字母的先后顺序排列打字机上的按键。但是就像我们现在所看到的电脑键盘那样，并没有那样排列而是把26个字母做了无规则的排列，感觉上既难记忆又难熟练。

如果按字母先后顺序排列键盘，由于当时机械工艺不够完善，使得字键在击打之后的弹回速度较慢，一旦打字员击键速度太快，就容易发生两个字键绞在一起的现象，必须用手很

小心地把它们分开，从而严重影响了打字的速度。为此，打印机公司时常收到客户的投诉。

为了解决这个问题，设计师和工程师伤透了脑筋。后来，有人提出：打字机绞键的原因，一方面是字键弹回速度慢，另一方面也是打字员速度太快了。既然我们无法提高弹回速度，为什么不想办法降低打字速度呢？

降低打字员的速度有许多方法，最简单的方法就是打乱26个字母的排列顺序，把较常用的字母摆在笨拙的手指下，比如，字母"O"、"S"、"A"是使用频率很高的，却放在最笨拙的右手无名指、左手无名指和左手小指来击打。使用频率较低的"V"、"J"、"U"等字母却由最灵活的食指负责。

结果这种"QWERTY"式组合的键盘诞生了，并且逐渐定型。后来，在一场打字比赛中，一位法庭记者用"QWERTY"的打字法，轻松击败采用另一套系统的参赛者，并在美国各地巡回展示他快如闪电的打字功力。此后，"QWERTY"键盘的知名度大开。

更奇怪的是后来其他人又提出了很多比"QWERTY"键盘更合理、

更科学的键盘字母排列方式，但是都没能被大众接受，这是一个非常典型的"劣势产品战胜优势产品"的例子。以至于后来的电脑键盘也是使用这种字母排列！

柯博士点评

"打字机之父"——美国人克里斯托夫·拉森·肖尔斯原来跟打字机一点关系都没有，他只是烟厂的工人，他之所以发明打字机，是因为他当秘书的妻子。由于妻子工作很忙，经常把材料带回家写到深夜，非常辛苦。肖尔斯怕妻子太累，只好帮助她抄写，有时写到深夜，两人都写得手酸臂疼。就这样肖尔斯开始有了发明打字机器的想法。为了制作出打字的机器他大量实践，拜访有关技术人员，最终从妻子弯腰写资料的情景中受到启发，发明了打字机。

它的发明不仅体现出肖尔斯对妻子的爱，更体现了他是一个勇于探索的人。在他发明了打字机后他又发明了键盘，并使这个外设的设备更加完善，这无不体现发明者的敬业及勇于创新的精神，以及善于发现和改进问题的能力。

打字机绞键的原因一方面是字键弹回速度慢，另一方面也是打字员速度太快了。有人提出：既然我们无法提高弹回速度，为什么不想办法降低打字速度呢？这是一种逆向思维，它打破了人们在解决问题中的定势思维。就像《三国演义》里诸葛亮的"空城计"就利用了敌军的定势思维一样，在键盘的改进中也是反向思维获得了成功。

所以说一个优秀的设计者在发明和革新产品中也要尽量避免定势思维，而是要多种思维方式并用。这也是一个优秀的设计者应该具备的基本素质。

 相关链接

◎ 几种思维方式

发散思维，又叫辐射思维。它以思维的问题为中心向外扩展各种想法，即从多角度、多层次来探讨问题的解决方法，并由此导致思路的转移和思想的跃进。是从一点到多点的思维方式，呈"辐射状"。

发散思维的特点：

1. 流畅性：灵敏迅速。

2. 变通性：触类旁通、随机应变、不受约束。

3. 独特性：不同寻常的异于他人的新奇反应的能力。具有新角度、新观念、新特点。

定势思维，又叫思维定势，是人思想被长期既定的惯例和习惯所束缚，引导或迫使自己按习以为常的思路和方法去思考和处理问题的思维方式。

这种思维方式的特点是，具有一定的局限性。

逆向思维，又叫反向思维。是采用与正向思维完全不同（甚至相反）的方法，来思考问题、提出解决问题的方法。

逆向思维的特点是：反向性、异常性。

其他思维方式还包括抽象思维、形象思维、

联想思维、移植思维、
类比思维、逻辑推理思
维等。

◎ 键盘的清理

由于是暴露在外面的，而且
键盘按键间的空隙较大，细小的
杂物容易进入，导致按键失灵，所以应该经常进行清洁。步骤如下：

1. 拆开后盖

首先将键盘插头从主机上拔下，翻过来就可以看见背面的固定螺丝。
将背面的所有螺丝全部拧下，就可以将后盖拿下来。

2. 拆下电路板和电路胶片

将键盘的后盖拆下后就看到软的电路胶片。电路胶片的结构是3层，
各层胶片之间若有杂物进入，就会造成按键失效，所以这3层电路胶片也
是我们清洁的对象。在3层电路胶片上没有固定的螺丝，可以直接拿下
来，它们是通过胶片上的圆孔来固定的，外面的螺丝穿过电路胶片上的圆
孔固定在前面板上。键盘的电路板并不大，没有螺丝固定，也可以直接拿
下来。电路板上也没有太多的元件，只有几条电路线连接。在电路板的另
一面有3个指示灯，这就是键盘右上角的"Num look"、"Caps Lock"和
"Seroll Lock"指示灯。

3. 拆下所有的按键

将电路板和电路胶片拿下来后可以拆所有的按键了。在每个按键上都
有一个独立的橡胶垫，先把它们全部拿下来。在橡胶垫全部拿下后就可以拆
按键了。按键是用塑料卡扣来固定的，所以只要用力拔就可以将其拆下。

4. 全面清理

现在所有可拆下的零件已经都拆下来了，就等清洁了。对键盘面板可
以先用刷子将那些细小的杂物清除，再用布擦干净。3层的电路胶片也可以

这样来清洁，按键可以用水来清洁，也可以用专用的表面清洗剂来擦洗。

　　5. 在清除污垢之后，还要用杀菌剂对底座及键帽进行全面杀菌消毒。

　　6. 清理完毕之后就是要安装了。安装时应特别注意避免发生错位。

发明展台

◎ 鼠　标

　　鼠标，其全称为显示系统纵横位置指示器，因形似老鼠而得名"鼠标"。"鼠标"的标准称呼应该是"鼠标器"，英文名"Mouse"。鼠标的使用是为了使计算机的操作更加简便，来代替键盘那些繁琐的指令。

　　鼠标的发明者是美国斯坦福研究所的道格拉斯·恩格尔巴特博士。

　　1983年，苹果公司在推出的Lisa机型中首次使用了鼠标，这也是鼠标的第一次商业化应用。

不用胶卷的照相机

　　随着生活水平的提高，人们在假期出去旅游已经成为一种时尚，旅游出门必带的物品中就有照相机。传统的照相机是需要胶卷的，照三十多张相片就要更换胶卷，而且操作不当胶卷就会曝光，所有的美好记录就都没有了。后来，数码相机的出现解决了这一问题，因为它是一款不用胶卷的照相机。数码相机的发明，在很大程度上改变了人们记录回忆、分享幸福的传统方式。

精彩回放

　　第一台数码相机是1975年在美国实验室诞生的，这台数码相机的发明人就是柯达公司的技术人员史蒂文·塞尚。

　　塞尚说自己首先是一个相机爱好者，一直以来都很希望设计和制造一台全电子相机，1973年硕士毕业后即加入柯达，成为一名应用电子研究中心的工程师。1974年，他担负起发明"手持电子照相机"的重任。次年，第一台原型机在实验室中诞生，他也成为"数码相机之父"。

　　1973年与柯达一位主管短短1分钟的交谈，促使了他寻找合适的存储介质、建造原型机。那

位主管简单地提到有一种硅材料可以感光，可以尝试能否应用到新型相机中——这就是后来数码相机的重要组件电荷耦合器。塞尚用了一年左右的时间建造了首款数码相机的原型机，当时还只是用磁带作为存储介质，而最终通过这台相机拍到了0.01百万像素的黑白反转相片。谈到那段历史，塞尚还记忆犹新："在当时，数码技术非常困难，CCD很难控制，A/D转换器也很难制造，数码存储介质难于获取，而且容量很小。当时没有电脑，回放设备需要量身定做。这些难点让我们用了一年的时间才安装完这台相机。"

柯博士点评

数码相机的出现在一定程度上得益于大规模集成电路的兴起，20世纪70年代新兴的电子工业发展已经非常成熟。而至今数码相机在技术和外观上的不断突破，逐渐改变了人们的生活习惯，这种种改变是为满足技术的需要还是市场的需求呢？

塞尚对此表示，实际上，数码相机从发明到现在的发展，是满足了好奇心的需求。因为对其好奇，所以善于捕捉相关信息。当柯达的主管简单地提到一种材料，他就记在心上。

塞尚个人认为他发明数码相机是为了满足自己的好奇心，但是数码相机发展到今天较之第一部发生了很多的改变，同时这也源于技术的需要和市场的需要。

发明和创造都要遵循一定的原则，其中就有一条需要性和实用性的原则，数码相机的发明就符合这两点，所以它才如此地受欢迎。经历了近40年的发展，数码相机已经成为了人们生活中非常重要的消费品。满足了人们随时随地、用任何方式分享、存储照片的梦想。

 相关链接

◎ 第一台数码相机的背景信息和技术数据

开发机构——柯达应用电子研究中心

开发者——史蒂文·塞尚

原型机名称——手持电子照相机

影像传感器——Fairchild 201100 型 CCD 阵列

磁带记录机——Memodyne 低功耗数码磁带记录机

存储设备——标准 300 英尺飞利浦数码磁带

数码内存——49 152 位

电源——16 节 AA 型电池

外观尺寸——209 毫米（宽）×225 毫米（高）×152 毫米（厚）

重量——3 900 克

◎ **数码相机的工作原理**

数码相机是集光学、机械、电子一体化的产品。它集成了影像信息的转换、存储和传输等部件，具有数字化存取模式，与电脑交互处理和实时拍摄等特点。光线通过镜头或者镜头组进入相机，通过成像元件转化为数字信号，数字信号通过影像运算芯片储存在存储设备中。数码相机的成像元件是CCD或者CMOS，该成像元件的特点是光线通过时能根据光线的不同，转化为电子信号。

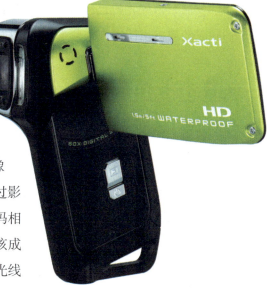

优点：

1. 拍照之后可以立即看到图片，从而提供了对不满意的作品立刻重拍的可能性，减少了遗憾的发生。

2. 只需为那些想冲洗的照片付费，其他不需要的照片可以删除。

3. 色彩还原和色彩范围不再依赖胶卷的质量。

4. 感光度也不再因胶卷而固定，光电转换芯片能提供多种感光度选择。

缺点：

1. 由于通过成像元件和影像处理芯片的转换，成像质量与光学相机相比缺乏层次感。

2. 由于各个厂家的影像处理芯片技术的不同，成像照片表现的颜色与实际物体有不同的区别。

3. 后期使用维修成本较高。

◎ 数码产品

MP3

MP3 就是一种音频压缩技术，由于这种压缩方式的全称叫 MPEG Audio Layer3，所以人们把它简称为 MP3。MP3 是利用 MPEG Audio Layer 3 的技术，将音乐以 1∶10 甚至 1∶12 的压缩率，压缩成容量较小的文件。换句话说，能够在音质丢失很小的情况下把文件压缩到更小的程度。正是因为 MP3 体积小、音质高的特点使得 MP3 格式几乎成为网上音乐的代名词。每分钟音乐的 MP3 格式只有 1MB 左右大小，这样每首歌的大小只有 3 到 4 兆字节。使用 MP3 播放器对 MP3 文件进行实时的解压缩（解码），这样，高品质的 MP3 音乐就播放出来了。

PSP

PSP，全称Play Station Portable，是日本SONY公司开发的多功能掌机系列，具有游戏、音乐、视频、上网、GPRS等多项功能。

DV

DV是英语Digital Video的缩写，是数码摄像机的意思。

和模拟摄像机相比，DV有如下突出的特点：清晰度高。可以和专业摄像机相媲美。色彩更加纯正。DV的色度和亮度信号带宽差不多是模拟摄像机的6倍，而色度和亮度带宽是决定影像质量的最重要因素之一，因而DV拍摄影像的色彩就更加纯正和绚丽，也达到了专业摄像机的水平。无损复制。DV磁带上记录的信号可以无数次地转录，影像质量丝毫也不会下降。

体积小重量轻。和模拟摄像机相比，DV机的体积大为减小，一般只有123毫米×87毫米×66毫米左右，重量则大为减轻，一般只有500克左右，极大地方便了用户。

显微镜的发明

显微镜的发明让人们看到了用肉眼无法看到的另外的世界，从此人类真正开始了对微观世界的观察和研究。

精彩回放

列文虎克是荷兰德尔夫市政府的工作人员。他利用工作之余，磨制了许多镜片。有一次，他透过两片透镜看东西，发觉能把极为微小的东西放大许多倍，这引起他莫大的兴趣。他用这种镜片观看自己的牙垢，发现了许多奇形怪状的"小人国"居民。他惊讶地写道："在一个人口腔的牙垢里生活的"小人国"的居民，比整个荷兰王国的居民还多!"一个普通工作人员发明了显微镜，成了微生物学的开门鼻祖。

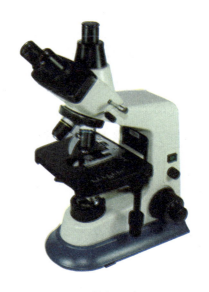

有人对他十分羡慕，追问他成功的"秘诀"。列文虎克什么话也没说，仅向问话者伸出他的双手，一双因长期磨镜片而满是老茧和裂纹的手。

在列文虎克发明显微镜之前还有两个人是显微镜的发明者：一个叫做札恰里亚斯·詹森的荷兰眼镜商，另一位是荷兰科学家汉斯·利珀希，他们

用两片透镜制作了简易的显微镜，但并没有用这些仪器做过任何重要的观察。

意大利科学家伽利略也曾通过显微镜观察到一种昆虫，第一次对它的复眼进行了描述。

但人们始终认为列文虎克是显微镜的发明者。

显微镜把一个全新的世界展现在人类的视野里。人们第一次看到了数以百计的"新的"微小动物和植物，以及从人体到植物纤维等各种东西的内部构造。

柯博士点评

显微镜被公认为世界上的最伟大的发明之一，它帮助了科学家发现新物种，有助于医生治疗疾病，有助于科学家对微观世界进行深入的探索。它的发明人是一个普通工作人员，但是不要忘记他有一双满是老茧和裂纹的手，就是那双勤劳的双手创造了伟大的一切，就是那双手带人们走进了微观世界。当人们总是抱怨自己没有天赋，没有知识储备的时候，为何不想想勤能补拙呢？"铁杵成针"的故事已经非常清晰地告诉我们：只要我们持之以恒，就能成功。

相关链接

◎ **显微镜的分类**

光学显微镜

现在的光学显微镜可把物体放大 1 500 倍，分辨的最小极限达 0.2 微米。光学显微镜的种类很多，除普通光学显微镜外，还有暗视野显微镜，一种具有暗视野聚光镜，从而使照明的光束不从中央部分射入，而从四周射向标本的显微镜。

荧光显微镜也是一种特殊的光学显微镜，它是以紫外线为光源，使被照射的物体发出荧光的显微镜。

电子显微镜

简称电镜，是使用电子来展示物体的内部或表面的显微镜。

高速的电子波长比可见光的波长短，而显微镜的分辨率又受其使用波长的限制，因此电子显微镜的分辨率远高于光学显微镜的分辨率。

1931年，德国的M.诺尔和E.鲁斯卡，用冷阴极放电电子源和三个电子透镜改装了一台高压示

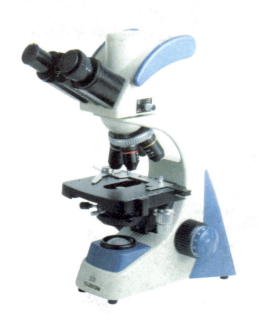

波器，并获得了放大十几倍的图像。其发明的是透射电镜，证实了电子显微镜放大成像的可能性。1932年，经过鲁斯卡的改进，电子显微镜的分辨达到了50纳米，约为当时光学显微镜分辨的十倍，突破了光学显微镜分辨极限，于是电子显微镜开始受到人们的重视。

到了20世纪40年代，美国的希尔用消像散器补偿电子透镜的旋转不对称性，使电子显微镜

的分辨有了新的突破，逐步达到了现代水平。在中国，1958年研制成功的透射式电子显微镜，其分辨为3纳米，1979年又制成了分辨为0.3纳米的大型电子显微镜。

◎ **望远镜**

望远镜是一种利用凹透镜和凸透镜观测遥远物体的光学仪器。利用通过透镜的光线折射或光线被凹镜反射使之进入小孔并汇聚成像，再经过一个放大目镜而被看到。望远镜的第一个作用是放大远处物体的张角，使人眼能看清角距更小的细节。望远镜第二个作用是把物镜收集到的比瞳孔直径粗的光束，送入人眼，使观测者能看到原来看不到的暗弱物体。1608年荷兰人汉斯·利伯希发明了第一部望远镜。1609年意大利佛罗伦萨人伽利略·伽利雷发明了40倍双镜望远镜，这是第一部投入科学应用的实用望远镜。

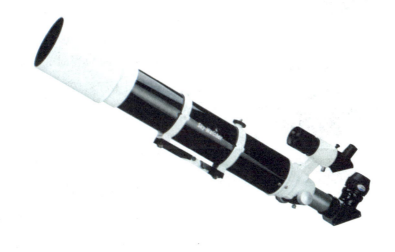

◎ 扫描隧道显微镜

扫描隧道显微镜亦称为"扫描穿隧式显微镜"、"隧道扫描显微镜"，是一种利用量子理论中的隧道效应探测物质表面结构的仪器。它于1981年由格尔德·宾宁及海因里希·罗雷尔在位于瑞士苏黎世的IBM苏黎世实验室发明，两位发明者因此与恩斯特·鲁斯卡分享了1986年诺贝尔物理学奖。

扫描隧道显微镜作为一种扫描探针显微术工具，可以让科学家观察和定位单个原子，它具有比它的同类原子力显微镜更加高的分辨率。此外，扫描隧道显微镜在低温下可以利用探针尖端精确操纵原子，因此它在纳米科技中既是重要的测量工具又是加工工具。

它使人类第一次能够实时地观察单个原子在物质表面的排列状态和与表面电子行为有关的物化性质，在表面科学、材料科学、生命科学等领域的研究中有着重大的意义和广泛的应用前景，被国际科学界公认为20世纪80年代世界十大科技成就之一。

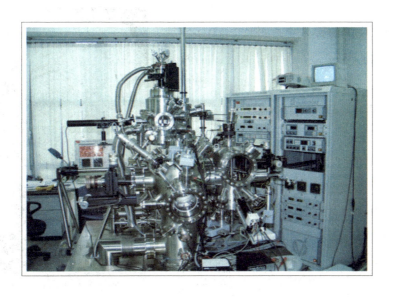

手表的发明

从人们有了时间的概念之后，钟表应运而生。在钟表诞生不久后手表也应运而生。手表能让人们方便地知道时间。现在手表已经成为男人身份的象征和女人的饰物了。

精彩回放

人类的远祖最早从天明天暗知道时间的流逝。大约6 000年前，"时钟"第一次登上人类历史的舞台：日晷在巴比伦王国诞生了。古人使用日晷，根据太阳影子的长短和方位变化掌握时间。距今4 000年前，漏刻问世，使人们不分昼夜均可知道时间。而钟表的出现，则是13世纪中叶以后的事。

关于中国的钟表史，得从3 000多年前说起，我国祖先最早发明了用土和石片刻制成的"土圭"与"日规"两种计时器，成为世界上最早发明计时器的国家之一。到了铜器时代，计时器又有了新的发展，用青铜制的"漏壶"取代了"土圭"与"日规"。东汉元初四年张衡发明了世界第一架"水运浑象"，此后唐高僧一行等人又在此基础上借鉴改进发明了"水运浑天仪"、"水运仪象台"。至元明之时，计时器摆脱了天文仪器的结构形式，得到了突破性的新发展。元初郭守敬、明初詹希元创制了"大明灯漏"与"五轮沙漏"，采用机械结构，并增添盘、针来指示时间，其机械的先进性便明

显地显示出来，时间性益见准确。

1270年前后在意大利北部和南德一带出现的早期机械式时钟，以秤锤做动力，每一小时鸣响附带的钟自动报时。1336年，第一座公共时钟被安装于米兰一座教堂内，在接下来的半个世纪里，时钟传至欧洲各国，法国、德国、意大利的教堂纷纷建起钟塔。

不久，发条技术发明了，时钟的体积大为缩小。1510年，德国的锁匠首次制出了怀表。当年，钟表的制作似乎仅限于锁匠的副业，直到后来，对钟表精度的要求越来越高，钟表技艺也日益复杂，才出现了专业的钟表匠。

也就是说钟表的发展大致可以分为三个演变阶段：一、从大型钟向小型钟演变。二、从小型钟向袋表过渡。三、从袋表向腕表发展。

关于手表的发明有两种说法：

一种说法是：第一次世界大战期间，一名士

兵为了看表方便，把怀表绑扎固定在手腕上，举起手腕便可看清时间，比原来方便多了。1918年，瑞士一个名叫扎纳·沙奴的钟表匠，听了那个士兵把怀表绑在手腕上的故事，从中受到启发。经过认真思考，他开始制造一种体积较小的表，并在表的两边设计有针孔，用以装皮制或金属表带，以便把表固定在手腕上，从此，手表就诞生了。

另一种说法是：其原创者竟是法兰西皇帝拿破仑。1806年，拿破仑为了讨皇后约瑟芬的欢心，命令工匠制造了一只可以像手镯那样戴在手腕上的小"钟"，这就是世界上第一块手表。

柯博士点评

关于手表的发明说法不一，现也无从考证，但是我们也可以说它不是某个人发明的，而是集体研制的。其实任何一项发明总要经过不断地革新、改进。在瓦特发明蒸汽机之前已经有人发明蒸汽机了，瓦特只是在原有的基础上做了改进和创新。

手表的研制及生产基于一个简单而机智的发明，这就是"弹簧"，它既能收紧并储存能量，又能慢慢地把能量释放出来，以推动手表内的运行装置及指针，达到显示时间的功能。弹簧的物理特性被人们利用起来创制了钟表，这不得不说是一种创新。这里的关键还在于人们的细心观察和联想，就像知道橡胶的绝缘性，而用它制造电工工具的手柄等等。

大自然五彩缤纷，其中的每一件事物都有它特别之处，只要细心观察，都会有意外的收获，发明家都是热爱生活热爱生命的人。

相关链接

◎ 手表的分类

机械表是机械式振动系统的计时仪器，如摆钟、摆轮钟等，其工作原理是利用了一个周期恒定的，持续振动的振动系统，把振动时的振动周期乘以振动次数，等于所经过的时间，即：时间=振动周期×振动次数。一般由能源、轮系、擒纵机构、振动系统、指针机构和附加机构等几部分组成。动力发条或重锤，提供机械钟工作时的能源，通过齿轮系的增速，使一次上条可连续运行多日，擒纵机构使钟表的计时频率符合人们"秒"的概念，摆舵或摆轮控制着钟表的快慢，而报时（报刻）系统则告诉人们：刚才最后一响是几点了。

电子表其基本部分由电子元件构成。电子钟表的工作原理是根据"电生磁、磁生电"的物理现象而设计的。即由电能转换为磁能，再由磁能转换为机械能，带动时针分针运转，达到计时目的。

石英表是用"石英晶体"作为振荡器，通过电子分频去控制马达运转，带动指针，走时精度很高。

◎ **手表进水后几种简单的处理方法**

方法一：

手表如被水浸湿，可用几层卫生纸或易吸潮的绒布将手表严密包紧，放在40瓦的电灯泡附近约15厘米处，烘烤约30分钟，表内水蒸气即可消失。切忌将手表的表蒙靠近火直接烘烤，以免使表蒙受热变形。

方法二：

将表蒙朝内、底壳朝外，反戴在手腕上，两个小时后水汽即可消除。如果进水严重，最好立即送表店擦油，清除机芯的水分，以避免零部件生锈。

方法三：

用颗粒状的硅胶与已经积水的手表一起放进一个密闭的容器内，数小时后，取出手表，积水即全部消失。此法简单经济，对表的精度和寿命均无任何损害。已经多次吸水后的硅胶，可在120℃下干燥数小时，吸水能力可再生，还能反复使用。

◎ **猴子与表的故事**

森林里生活着一群猴子，每天太阳升起的时候它们外出觅食，太阳落山的时候回去休息，日子过得平淡而幸福。

一名游客穿越森林，把手表落在了树下的岩石上，被猴子"猛可"拾到了。聪明的"猛可"很快就搞清了手表的用途，于是，"猛可"成了整个猴群的明星，每只猴子都向"猛可"请教确切的时间，整个猴群的作息时间也由"猛可"来规划。"猛可"逐渐建立起威望，当上了猴王。

做了猴王的"猛可"认为是手表给自己带来了好运，于是它每天在森林里巡查，希望能够拾到更多的表。功夫不负有心人，"猛可"又拥有了第二块、第三块表。

但"猛可"却有了新的麻烦：每只表的时间指示都不尽相同，哪一个才是确切的时间呢？"猛可"被这个问题难住了。当有下属来问时间时，"猛可"支支吾吾回答不上来，整个猴群的作息时间也因此变得混乱。过了一段时间，猴子们起来造反，把"猛可"推下了猴王的宝座，"猛可"的收藏品也被新任猴王据为己有。但很快，新任猴王同样面临着"猛可"的困惑。

这就是著名的"手表定律"：只有一只手表，可以知道时间；拥有两只或更多的表，就无法确定时间。

发明展台

◎ 手表式血压计

新加坡医生丁先生设计出一种可连续24小时监测血压的手表式血压计。这种新型血压计特别适合于完全没有感知到自己患有高血压症状的人。该手表式血压计不仅会降低心脏病发作率和中风率，而且能收集大量的数据。每4名美国成年人中就有1人患高血压，而其中1／3的人不知道自己患有高血压。由于中风往往发生在人醒后3小时内，而在这一期间，能实时监测血压更为重要。

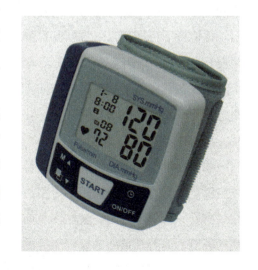

带给人光明的小电器——手电筒

　　直到现在我们也都还记得著名的喜剧演员赵本山在他的小品中说他结婚时有一样家用电器——手电筒。赵氏幽默的经典在于他能捕捉生活中的细小事物，以诙谐的方式给大家带来欢笑。而手电筒虽然仅是由几节干电池供电，但我们不得不承认它是我们家庭生活中不可缺少的"电器"。

精彩回放

　　现代文明的确应感谢美国发明家托马斯·爱迪生，是他制造了第一盏具有商业价值的白炽灯，为人类带来了光明。然而，康拉德·休伯特也应受到同样的尊敬，因为他为人们带来随时随地的光明。

　　休伯特下班回家，一位朋友自豪地向他展示了一个闪光的花盆。原来，他在花盆里装了一节电池和一个小灯泡。电门一开，灯泡照亮了花朵，显得光彩夺目。

　　休伯特看得入了迷，这件事给他以启示。他有时在夜晚黑暗中走路，高一脚低一脚很不方便，就在不久前他还不得不提着笨重的油灯到漆黑的地下室找东西。他想，如果能用电灯随身照明，那不是更实用方便吗？于

是，休伯特把电池和灯泡放在一个管子里，结果第一个手电筒问世了。

它的基本原理是：手电由发光体、电池、电路、外壳、反光杯、电路仓、开关等组成。电流从电池出来，然后到达电路，经过电路调整电压和电流，最后输出到发光体，进行点亮照明。

 柯博士点评

与其说爱迪生发明的白炽灯使人们摆脱了蜡烛和煤油灯的日子，康拉德·休伯特发明的手电筒才是真正让人完全摆脱蜡烛和油灯的发明。因为白炽灯必须接到电源上使用，外出或者在没有电源的黑暗条件下，白炽灯是发挥不了作用的，这时候手电筒无疑是最好的选择，它更方便些。

休伯特发明手电筒也是偶然，他的邻居只想到了把电池和小灯泡连接在一起再安装到花盆上能让花朵更加光彩夺目，却没有想到用这种方法制成一种灯。而休伯特想到了，并发明了手电筒，他的发明比他邻居的发明更值得炫耀。

休伯特最初发明手电筒只是考虑到自己在夜晚黑暗中走路或者到漆黑的地下室找东西很不方便，他遇到的问题也是别人遇到的困难，解决了自己的困难，那么也就解决了别人的困难。发明创造就是这么简单——解决问题。

相关链接

◎ LED手电筒

发光二极管已发明了数十年，在1999年，位于美国加州圣荷西的一家公司发明了白色高能量的卤素发光二极管。2001年时，另一家公司将这种卤素灯应用到手电筒上。现在发光二极管作为一种高效照明已经不断地走进我们的生活。随着前些年设备LED手电筒的出现到现在的单灯大功率（1W、3W）的出现，不断地丰富着大家的手电筒选择。

LED手电筒用多支二极管组成，色温很高。给人的视觉感受是非常亮的，发光二极管可以用较少的电量但散发出更强的光源，因此它比传统灯泡更省电。这类的手电筒有较长的电池寿命，有的可达数百个小时。越来越多的手电筒将改用发光二极管取代传统的电灯泡。

◎ 其他种类手电筒和新型手电筒

头 灯

头灯是一种将灯戴在头顶上的设计，戴在安全帽上的高亮度头灯已被矿工使用了几十年。

磁力电筒

它利用电磁感应原理工作，当磁铁在闭合线圈内来回窜动时，就不断地切割磁力线产生交变电流，经桥堆整流后对内置电池充电储能，然后通过开关转换给电筒供电照明或闪烁照明。

手摇发电手电筒

你是不是对于突然停电，感到很郁闷？你是不是对停电后，点蜡烛感到很不放心呢？不用担心，手摇发电手电筒会给你一切，它同时又是一台收音机！在黑暗中发出光亮，同时又可以分享外面的世界！更不用担心电

池是否用完，因为根本不需要电池，不用的时候，摇一摇充充电！

耳挂式手电筒

耳挂式手电筒是很有意思的生活小发明，可以为使用者提供阅读时必要和便捷的照明。特别适合喜欢在床上看书的人们，对特工而言应该也是个不错的装备。

◎ 电蚊拍

电蚊拍，全称高压灭蚊手拍。它的原理是使用4V可充电的高容量铅酸电池或2.4V镍氢／镍镉电池，也有用干电池的。经升压电路在双层电网间产生1 850V直流左右的高压电（电流小于10毫安，对人畜无害），两电网间的静电场有较强的吸附力，当蚊蝇等害虫接近电网时，能将它们吸入电网间，产生的短路电流随即将其杀死；同时电蚊拍产生的高压电还能释放一定量的负氧离子，既可杀菌消毒，又能净化空气。该产品投放市场以来，以其实用、灭蚊效果好、无化学污染、安全卫生等优点，普遍受到人们的欢迎。

电蚊拍的主要特点

1. 三倍压：电蚊拍采用首创三倍压整流电路，瞬间输出电压高达2 500V，击蚊效果好。

2. 不麻电：本拍可击毙正在吸血的蚊子，而对人体无害，当手平摸，轻触网面也无麻电感。

3. 不漏网：本拍有特殊的三层网面构成，蚊蝇极易入网，且不漏网。

静电复印机的发明

生活中人们经常会到复印社复印资料或者证件，复印机是许多公司的必备办公设备。在静电复印发明之前，复制一直要靠照相机或摄影装置来完成。这些方法要受到很多限制，还需要操作者掌握熟练的技术。静电复印机的发明节省了大量的时间和劳动力，让复制变得简单快捷。

精彩回放

作为世界上最大的现代化办公设备制造商，复印机的发明者，施乐的辉煌几乎家喻户晓。在英语里，"施乐"常常被用作一个动词，意为"复印"。

施乐复印静电技术的发明者切斯特·卡尔森其12岁时，长得又瘦又高，为了帮助父母养家糊口，他在加利福尼亚州圣贝纳迪诺干零活。14岁那年，他挑起了抚养双亲的重担。

1930年，工作特别难找，卡尔森曾给82家公司写信为找工作，但是只有两家公司给他复函，还表示不能雇佣他。最后，卡尔森总算在纽约一家电子

公司的专利部门找到了一个固定的工作。在那儿复制文件和图表之类的麻烦事给他留下了不可磨灭的印象。

手稿必须重新打印出来，图表得送到照相复印公司去复印，这既浪费钱又费时间。他心想如果在办公室里有一架机器，只要把原文本塞进这架机器里，一按电钮就可得到一模一样的复本，那该有多好呀！

一次，他去一家中国餐馆吃饭。坐下来等待的时候，他看到墙上有一幅中国画：一块石碑上刻有"霸王自刎乌江"几个字。他通过请教餐馆老板，知道这是中国2 000年前的一段故事。楚汉相争中，"力拔山兮气盖世"的楚霸王项羽最终被刘邦围困，全军覆灭。后来，突围到家乡乌江，他本欲重整旗鼓，卷土重来，不想来到江边却见一群蚂蚁组成"霸王自刎乌江"几个大字。他大为震惊，以为天意如此，无奈之际便拔剑自刎。实际上，这位盖世英雄上了刘邦的当。原来刘邦预计项羽突围后会到乌江，便预先在江边立起的石碑上用蜂蜜写了"霸王自刎乌江"几个字，蚂蚁

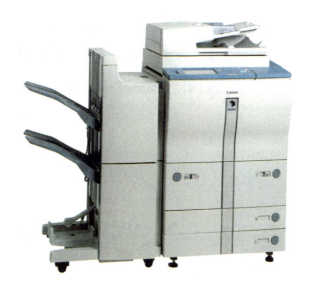

闻到蜂蜜味就成群结队地赶来，最后形成蚂蚁组成的字。

听完老板讲述了这幅画的故事，卡尔森把听到的事下意识地和自己的课题联系起来。卡尔森想，我要发明的复印设备，如果能找到体现字迹轮廓的"蜂蜜"，再有体现字迹的"蚂蚁"，

不就有可能成功么?他按照这个思路通过理论上探索，他终于掌握了静电学。1937年，他正式提出申请，要求获得"静电摄影法"的专利权。卡尔森确信他已掌握了静电复印的基本概念，但是他还得把理论用于实际。他便把自己唯一的一间起居室的壁橱改成临时实验室，但结果证明它不能适应实验需要。因此，他在长岛的阿斯托里亚租了一小间简陋的房子，在里面配备了实验用的物品。另外，他节衣缩食，用节省下的钱雇佣了一位实验助手，帮他一起做实验。

1938年10月22日，在这间简陋的房间里，卡尔森用墨水在一块玻璃板上书写了"阿斯托里亚1938.10.22"几个字，又用一块布手帕在涂硫的金属板上拭擦，使它带上电荷，然后隔着写有字的玻璃板，在泛光灯下将这块金属板曝光3秒钟。

接着卡尔森又把一张蜡纸平压在涂硫的金属板上，纸上复印出了相同的字。这就是世界上最早的静电复印，以后这种方法被命名为"静电印刷术"。然而，对卡尔森来说，以后几年的经历并不是一帆风顺的。根据他的图纸设计生产的各种复印机总不能使他满意。他想方设法推广这种机器，以引起人们的观注，可是他发现人们对他的发明漠不关心。

但直到1950年，静电复印机才在市场上出售。此后又过了10年，该公司生产了914型书桌大小的复印机，人们只要一按电钮就可以在一般的纸张上得到干印复本。

当时，在市场上出售的复印机有好多种型号，其中有伊斯门柯达克公司的一种采用化合显影剂的"湿写"复印机和明尼苏达矿业公司的一种利用红外线灯光热量在纸上形成图像的"热写"复印机。而静电复印尤其突出的优点，是这种复印机用干写法，不需要化学药品或特殊的纸张，而且加工出的复印件质量特别好。

柯博士点评

几乎每个人都亲自体验过复印机给我们带来的方便，但是几乎没有人知道它的发明经历了这么多的艰辛。

生活贫苦的卡尔森从小就要养家糊口，但是他并没有放弃学习。在繁杂的日常工作中，他能够发现问题，并大胆地提出要发明一台复印机。

开始决定制造一台复印机时他没有专业知识、没有设备齐全的实验室、没有资金。在研制成功以后，没有公司愿意卖他的产品，也没有消费者认可他的发明。

一般人看来，他不会成功了，然而他却恰恰成功了！

他克服了所有的困难，锲而不舍，坚持了下来。爱迪生曾说：成功就是百分之一的灵感加百分之九十九的汗水。要想成功就必须比别人多付出努力，凡事只有你想不到，没有你做不到的。科学发明也是一样，只要你付出了百分之百的努力，成功就会向你招手。

 相关链接

◎ **静电的其他应用**

1．农业应用

大量实验研究数据表明，静电场具有生物效应，能够引起生物遗传因子的明显变化，是培养新品种的有效手段。

辽宁省采用高压级静电处理各种农作物种子，可以增强种子的生物活性。出苗可提早三天左右，苗壮色深，经几个不同地区，上万亩大面积玉米的试种，平均增产5%

高压机静电技术应用在玉米种子上，可以增强种子的生物活性。

以上。

静电喷涂农药技术，可以充分有效地施用农药。不但节省农药，还可以减少对环境的污染。

2. 工业应用

静电收尘技术，其主要特点是：可以有效地抑制开放性尘源。

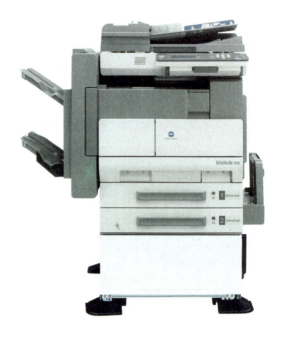

静电分选技术，即用于分选其他方法不易完成的、形态相似的、比重相近的固体颗粒混合物料。其特点是工艺简单、耗电量小、设备结构简单、易于操作和维护，设备本身具有收尘效能、无环境污染、有益于环境保护。

电液清洗技术，高压脉冲放电，能在液体中产生巨大的冲击波。这项技术可应用于清理铸件砂芯。电液清洗技术具有高效低耗，清洗质量高和卫生等优点。

静电触媒技术和强电磁场材料改性技术，科学家准备将静电作为催化剂，加快化学反应速度，利用强电磁场改变材料的性质，获得新材料。

3. 医疗卫生和食品加工应用

静电常温灭菌技术包括电磁杀菌和臭氧杀菌两项技术。其中电磁杀菌技术是采用高压静电场和交变电场、静磁场和交变磁场对液体进行静电常温杀菌的技术。它解决了传统灭菌方法难以克服的高温杀菌破坏水果汁、蔬菜汁、啤酒等饮料营养成分的难题，杀菌率达到100%。

静电臭氧杀菌技术，主要是指静电臭氧发生技术。过去是采用点放电技术，臭氧发生量很少；现在采用的是面放电技术，臭氧的发生量增加几十倍。因此，成本迅速降低。臭氧是一种强氧化物，可用于消毒灭菌。臭氧气体有净化空气，消除臭味之功效。

从技术角度大体可将静电技术划分为：净化技术、检测技术、生物技术、分离技术、触媒技术和其他延伸技术，随着这些技术的不断完善，正在形成一个新兴的静电产业。

发明展台

任何事物都具有两面性，静电能为我们所用，它也会给我们带来一些麻烦。

◎ 防静电产品

防静电女士专用帽

防静电女士专用帽，面料采用涤纶长丝与进口导电丝编织而成。能有效清除人体产生的静电，具有永久防静电性能，不发尘，不吸尘。穿着舒适，耐洗涤。适用于静电敏感区域。

防静电手腕带

防静电手腕带是防静电装备中最基本的，也是最为普便使用的生产线上的必备品。他设计操作上十分方便，其原理为通过手腕带及接地线，将人体身上的静电排放至大地，故使用手腕带时必须确定与皮肤接触，接地线亦需直接接地，并确保接地线畅通无阻，才能发挥最大功效。

防静电屏蔽袋

防静电屏蔽袋可以最大程度地保护静电敏感元器件免受潜在的静电危害。

录音机的发明

　　录音机是把声音记录下来以便重放的机器，它以硬磁性材料为载体，利用磁性材料的剩磁特性将声音信号记录在载体，一般都具有重放功能。家用录音机大多为盒式磁带录音机。

精彩回放

　　早先的录音机叫留声机，诞生于1877年，是誉满全球的发明大王——爱迪生发明的。爱迪生利用电话传话器里的膜板随着说话声会引起震动的现象，拿短针做了试验，从中得到很大的启发。说话的快慢高低能使短针产生相应不同的颤动。那么，反过来，这种颤动也一定能发出原先的说话声音。于是，爱迪生开始研究声音重发的问题。1877年8月15日，爱迪生让助手克瑞西按图样制出一台由大圆筒、曲柄、受话机和膜板组成的怪机器。爱迪生指着这台怪机器对助手说："这是一台会说话的机器"，他取出一张锡箔，卷在刻有螺旋槽纹的金属圆筒上，让针的一头轻擦着锡箔转动，另一头和受话机连接。爱迪生摇动曲柄，对着受话机唱起了："玛丽有只小羊羔，雪球儿似一身毛……"。唱完后，把针又放回原处，轻悠悠地再摇动曲

柄。接着，机器不紧不慢、一圈又一圈地转动着，唱起了："玛丽有只小羊羔……"，与刚才爱迪生唱的一模一样。在一旁的助手们，碰到一架会说话的机器，都惊讶得说不出话来。

虽然爱迪生发明了留声机，实现了录音。但是那时的录音机主要用机械原理实现声音的再现。它录制的声音音量低，以至录音时要对着喇叭大声地喊话。为了改进这种录音方式，丹麦科学家包尔森利用电话传声的原理，开始尝试用磁性储存声音。在录音机广泛

普及的过程中起关键作用的是美国的无线电爱好者马文·卡姆拉斯。卡姆拉斯对当时的录音机进行了一些改进。他的改进在于在录音过程中利用空气间隙代替金属指针，避免了磁信号的破坏。

就这样经过一代又一代人的努力，最后使录音机的技术不断地得到完善，最终走进我们的生活。

柯博士点评

录音机的发明没有太多的故事，但是也不难看出它的发明凝结了发明者的心血，发明创造不是"闭门造车"。借鉴前人的研究成果也是一种不错的方法。

这是一个资源共享的时代，尤其是在当今网络飞速发展，网络世界丰富多彩，在网上言论自由，也许某些人的想法和说法会激发我们的灵感，产生一定的设想。所以我们要扩大知识面，充分利用我们现有的工具，获取更多的信息，多接触想要了解的事物。

相关链接

◎ 盒式磁带录音机

盒式录音机是根据声——电——磁的相互转化记录声音的。由于声音的振动能产生强弱变化的电流，变化的电流又引起周围磁场的变化，设法把相应的磁场变化记录到磁带上，就达到记录声音的目的。

盒式磁带录音机录音时，说话人发出的声音通过话筒转化为电信号，经过录音放大器放大，然后再进入录音磁头。录音磁头把电信号转化为磁信号，并把磁信号记录在走动的磁带上。也就是说，录音是把声音转化为电信号，再转化为磁信号的过程。

放音时，录有磁信号的磁带走动，不断在放音磁头上感应出微弱的电信号，经放音放大器放大后，电信号就具有了足够的功率，然后去推动喇叭发出声音。也就是说，放音是磁转化为电，再转化为声的过程。

如果要清除磁带上的磁信号，就需要抹音。这时，让抹音磁头与走动的磁带接触，使来自超音频振荡器的超音频电信号进入抹音磁头，打乱磁带上原有的磁信号，这就是抹音。

事实上，由于录、放音磁头的结

构很相似，因此大多数录音机中录放音功能是由同一个磁头完成的。这样，多数录音机中只有两个磁头，一个是录放音磁头，另一个是抹音磁头。只有在少数高级录音机中，录音与放音才分别使用不同的磁头。

◎ 世界上第一个耳机

1924年，德国科学家尤根·拜尔，在柏林开设了一家电子公司，专门从事"电动换能器"的研究与开发，并将有关技术使用在影院专用的扬声器及其他同类器材上。当时，年轻的拜尔一直有个梦想，就是如何将音乐原汁原味地送到人们的耳朵？于是，他开发了小型扬声器，并将它们固定在弧形箍架上，于是全球首只耳机诞生了！

 发明展台

◎ 蓝 牙

发明蓝牙技术的是瑞典电信巨人爱立信公司。由于这种技术具有十分可喜的应用前景，1998年5月，五家世界顶级通信和计算机公司：爱立信、诺基亚、东芝、IBM和英特尔经过磋商，联合成立了蓝牙共同利益集团，目的是加速其开发、推广和应用。此项无线通信技术公布后，便迅速得到了包括摩托罗拉、朗讯、康柏、西门子等一大批公司的一致拥护，至今加盟蓝牙共同利益集团的公司已达到2 000多个，其中包括许多世界最著名的计算机、通信以及消费电子产品领域的企业，甚至还有汽车与照相机的制造商和生产厂家。一项公开的技术规范能够得到工业界如此广泛的关注和支持，这说明基于此项蓝牙技术的产品将具有广阔的应用前景和巨大的潜在市场。

战争中的发明

　　声纳是一种利用声波在水下测定目标距离和运动速度的仪器。是水声学中应用最广泛、最重要的一种装置。声纳是各国海军进行水下监视使用的主要技术，用于对水下目标进行探测、分类、定位和跟踪；进行水下通信和导航，保障舰艇、反潜飞机和反潜直升机的战术机动和水中武器的使用。此外，声纳技术还广泛用于鱼雷制导、水雷引信，以及鱼群探测、海洋石油勘探、船舶导航、水下作业、水文测量和海底地质地貌的勘测等。

精彩回放

　　声纳技术发明至今已有100年的历史，它是1906年由英国海军的刘易斯·尼克森所发明。他发明的第一部声纳仪是一种被动式的聆听装置，主要用来侦测冰山。这种技术，在第一次世界大战时被应用到战场上，用来

侦测潜藏在水底的潜水艇。

1941 年 12 月，太平洋战争爆发。美国人的潜艇仿佛长了眼睛似的，穿过了日本人设置的层层水雷封锁线，神不知鬼不觉地钻进日本海，向日本舰船发起突然袭击，使日本海军损失惨重；与此同时，日本的潜艇一钻进美国的军港或海岸边，就遭到美国军舰或飞机的攻击。

"这是怎么回事呢？"日本海军官员百思不得其解，"难道美国人使用了什么秘密武器？"的确，美国人使用了一种"秘密武器"——声纳。

人类社会两次残酷的世界大战都发生在20世纪。一战期间为了对付德国人的潜艇攻击，各国海军考虑了许多方法探测水下潜艇。其中包括热、磁、电磁以及声的方法，只有声探测方法有效。从此，声信息进入了海战最雏形的信息战。最早出现的声纳是达·芬奇管式的被动舰壳声纳和拖曳声纳，具有对目标的估距能力。为了适应武器设计高精度定位的需要，一战末期开发了主动回声测距声纳，所用的电声换能器是朗之万式压电晶体换能器。

一战之后，各国加紧了声纳的研究进程。其中美、英等国重点发展主动声纳，德国则主要发展被动声纳。在此期间，对声纳设计有重要关系的传播介质的认识及假设检验与估计理论的应用提到了各国海军的议事日程之上。

冷战时期的迫切需求进一步促进了声纳装备的发展。美国人把水声与雷达、原子弹并列为三大发展计划。水声传播、噪音、混响、反射的理论

和实验研究工作广泛展开，特别是在用计算机解声传播方程方面的研究成果解决了声纳系统设计的水声建模难题。包括主动辐射器和被动水听器在内的水下电声换能器技术取得长足的进步，大大促进了声纳装备的发展。

柯博士点评

早在1490年，大家比较熟悉的意大利著名艺术家和工程师达·芬奇就曾说过："如果使船停航，将一根长管的封口端插入水中，而将开口放在耳旁，便能听到远处的航船。"这表明人们在几百年前就已发现，水对声波的吸收能力是较小的，可利用声波来探测水下的物体。可以说，达·芬奇所说的听测管即是现代被动声纳的雏型。人们对海底世界探寻的进程中声纳成了一件重要的工具。需要是创造和发明的源泉。大概历史上有两件重大事件促使科学家、发明家对声纳的研制和改进加快了进程。一个是令世界震惊的"泰坦尼克号"海难事件。另一个事件是在第一次世界大战期间，德国人利用新发明的U型潜艇，击沉了大量协约国的军舰和商船。

虽然战争是灾难，是残酷的，但是不得不承认由于战局的需要，引发了大量的科学研究，无论是出于什么样的目的，也可以说战争推动了科学技术的发展。

雷达、导弹制导等的技术都是在战争中出现的，并日渐成熟起来的。

技术本身不具有两面性，只有它的应用才有两面性。无论我们发明和改进任何一项技术产品，我们都应该正确的使用和保护它，不要对人类和人类社会产生不利的影响。

相关链接

◎ 动物的声纳

有趣的是，声纳并非人类的专利，不少动物都有它们自己的"声纳"。蝙蝠就用喉头发射每秒10～20次的超声脉冲而用耳朵接收其回波，借助这种"主动声纳"它可以探查到很细小的昆虫及0.1毫米粗细的金属丝障碍物。而飞蛾等昆虫也具有"被动声纳"，能清晰地听到40米以外的蝙蝠超声，因而往往得以逃避攻击。然而有的蝙蝠能使用超出昆虫侦听范围的高频超声或低频超声，从而使捕

捉昆虫的命中率仍然很高。看来，动物也和人类一样进行着"声纳战"！

　　海豚和鲸等海洋哺乳动物则拥有"水下声纳"，它们能产生一种十分确定的讯号探寻食物和相互通迅。

　　多种鲸类都用声来探测和通信，它们使用的频率比海豚低得多，作用距离也远得多。其他海洋哺乳动物，如海豹、海狮等也都会发射出声纳信号，进行探测。

终身在极度黑暗的大海深处生活的动物是不得不采用声纳等各种手段来搜寻猎物和防避攻击的，它们的声纳性能是人类现代技术所远不能及的。解开这些动物声纳的谜，一直是现代声纳技术的重要研究课题。

◎ 动物与发明

蝙蝠——声纳和雷达，还有蝙蝠衫

鱼类的尾鳍——船舵

鱼类的胸鳍——船桨

蜘蛛网——鱼网和新型纤维

动物的巢穴——房屋

食肉动物捕猎——狩猎术

鲨鱼——"鲨鱼皮"连体游泳衣

鸟类——滑翔机和飞机

动物的伪装色——迷彩服

乌龟——坦克和龟息等气功吐纳养生手段

动物的蹼——潜水装备中的蹼脚

猪——防毒面具

蛙类——蛙泳

蝴蝶——蝶泳和时装

狗——狗刨

蛇、猴、鹰等——蛇拳、猴拳、鹰爪拳等拳术武功

发明展台

◎ 声纳捕鱼

探鱼器工作原理是，利用超声波换能器发射信号，通过空气或水的传

播，利用超声波在水中接触物体反馈回来的信号，然后通过内部处理器的处理，最后显示在屏幕上。

◎ 声纳音响

声纳音响是根据潜艇声纳科学原理研发而成的最新科技产品。它没有喇叭，也无须箱体，它是使固体介质震动发音的，可以对数码产品音频做最好的释译，让您无论在何处凝听，都带给您真正的高保真音响。

意外事件思考后的发明

微波是一种具有穿透力的电磁波。微波炉是用微波产生的热量来烹调食物的现代厨房炊具。这个发明为人们的生活提供了方便快捷的服务。

精彩回放

珀西·勒巴朗·斯宾赛，1921年出生于美国的亚特兰大市，年轻时曾服过兵役，是个乐观向上的小伙子。他喜欢吃零食，口袋里经常装着甜食巧克力，喜欢追求思考奇怪的事件，是一位自学成才的发明家。

二战期间，由于他受了伤，转到一家公司从事雷达技术开发。这项技术在当时听起来很像具有科幻色彩。

1945年的一个夏日午后，斯宾赛正在试验一个新改良的高能量磁控电子管。忽然觉得身体有热感，还发现了装在口袋里的巧克力熔化后粘在了短裤上。

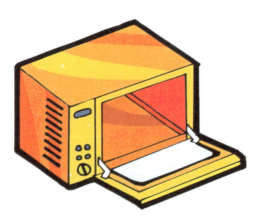

"糟糕！我的巧克力弄脏了我的裤子。"可他又一想，不对，巧克力为什么熔化了？这一定有原因的。

他推想有可能是在太阳下散步时熔化的。不对，每天都在太阳底下散步为什么没有熔化？他想来想去想到了磁控电子管。

对！就是这该死的磁控电子管作怪！这一个突发的事件引起了他的极大兴趣。

第二天，他就做了一个小试验，他让助手买了一包玉米，随后他将这包玉米放在磁控电子管的正前面，按动电扭，几分钟后，玉米竟然爆开来，弄得满屋子都是玉米花。这时候他已经推定微波的能量有煮沸、熔糊巧克力糖的功能。

接着他又做了第二个试验。他找到一个旧的金属小茶壶，在茶壶的旁边开了一个小洞，且在茶壶里放了一个生鸡蛋，并把磁控电子管的微波对准那茶壶的小洞，准备按动开关，看看能不能把生蛋煮熟。这时刚好有一位同事来看他，同事好奇，走近茶壶，正弯腰去看茶壶里的蛋有没有变化，刹那间，鸡蛋竟然爆开了。蛋黄由小洞喷出，溅在这位同事的脸上。

这两个试验证实了他的推想，而雷氏恩公司也受斯宾赛实验的启发，决定与他一同研制能用微波热量烹饪的炉子。

几个星期后，一台简易的炉子制成了。斯宾赛用姜饼做试验。他先把姜饼切成片，然后放在炉内烹饪。在烹饪时他屡次变化磁控管的功率以选择最适宜的温度。经过若干次试验，食品的香味飘满了整个房间。

斯宾塞于1946年提出专利申请。

1947年，雷声公司推出了第一台家用微波炉，高1.8米，重达340公斤，是一个大家伙。于是专门供给餐厅、火车和轮船使用。因为这种微波炉造价成本太高，使用寿命又太短，因而影响了微波炉的普及和推广。

1965年，乔治·福斯特对微波炉进行大胆改造，与斯宾赛一起设计了一种耐用和价格低廉的微波炉。

1967年，微波炉新闻发布会兼展销会在芝加哥举行，获得了巨大成功。

从此，微波炉逐渐走入了千家万户。由于用微波烹饪食物又快又方便，不仅味美，而且有特色，因此有人诙谐地称之为"妇女的解放者"。

柯博士点评

观察思考是发明家的优秀品质之一。观察就是留心周围的事物，只有观察才能发现生活中的问题，只有发现生活中的问题，才有思考的基本材料，在解决这些问题时才会有发现和发明。

斯宾赛是一位发明的天才，他几乎具有发明家的所有优秀品质。他乐观向上、善于观察、善于发现问题、有思考的深度等。

他对意外事件的思考更具个性，思考更有深度。因此，他成功地发明了微波炉。

相关链接

◎ 微波炉原理

微波炉是煮饭烧菜的现代化烹调灶具。微波是一种电磁波，这种电磁波的能量不仅比通常的无线电波大得多，而且还很有"个性"，微波一碰到金属就发生反射，金属根本没有办法吸收或传导它；微波可以穿过玻璃、陶瓷、塑料等绝缘材料，但不会消耗能量；而含有水分的食物，微波不但不能透过，其能量反而会被吸收。

微波加热的原理比较简单。食品中总是含有一定量的水分，而水是由极性分子组成的，当微波辐射到食品上时，这种极性分子的取向将随微波场而变动。由于食品中水的极性分子的这种运动以及相邻分子间的相互作用，产生了类似摩擦的现象，使水温升高，因此，食品的温度也就上升了，因而就能烹调食物了。

发明展台

◎ 电磁炉

电磁炉是利用电磁感应加热原理制成的电气烹调器具。是一种高效节能的新型厨具。

电磁炉的原理是磁场感应涡流加热。即利用电流通过线圈产生磁场，当磁场内磁力线通过铁质锅的底部时，磁力线被切割，从而产生无数小涡流，使铁质锅自身的铁分子高速旋转并产生碰撞磨擦生热而直接加热于锅内的食物。

这种加热食物的方法，完全区别于传统的有火或无火传导加热方法。

这种食物加热方法因为没有明火，所以安全。因为在锅底产生热能，是无火传导的一种加热方式，所以，可以减少热能在传导中的损失，因而具有节能、提高热效率的功能。据测定，电磁炉比传统的燃油灶节约50%的燃料成本，比传统燃气灶节约60%的燃料成本。没有明火自然也会减少有害气体或物质的排放，同时他也不会升高室温，也很少产生热辐射。

电磁炉主要有两大部分构成：电子线路部分及结构性包装部分。

电子线路部分包括：功率板、主机板、操控显示板、线圈盘、热敏支架、风扇马达等。

结构性包装部分包括：瓷板、塑胶上下盖、风扇叶、风扇支架、电源线。

第一台家用电磁炉在1957年诞生于德国。1972年，美国开始生产电磁炉，20世纪80年代初，电磁炉在欧美及日本开始热销。电磁炉可分为家用电磁炉和商用电磁炉两种，家用电磁炉的功率较小些。

商用电磁炉特别适用于医院、厂矿企业、宾馆、餐厅、院校、机关等，尤其适用于地下室、铁路、车辆、船舶、航空等无燃料供应或限制燃料使用的场合。

插在玫瑰上的安全别针

　　别针是一件很小的日用品，几乎家家户户都有这种人们熟悉的日用品。这种能使小饰物别在胸前的日用品有着悠久的历史，据记载公元前14世纪的麦锡尼文化时期，人们就用过这种别针。其用法和今天的安全别针相同且外观也相似。但之后安全别针就失传了。

精彩回放

　　据记载"安全别针"早已被发明，大概在4 000年前的克里特岛上，有人制作了看起来像是扣住衣服的大型安全别针这样的器件。从希腊人、罗马人到古代不列颠的凯尔特人，都使用老式的安全别针。人们通常将这种别针高高地佩戴着，所以与其说这是别针，不如说是胸针。

　　但遗憾的是这种别针已经失传。不过，在19世纪中叶，类似这种别针的小饰物又被一位年轻的美国人重新发明出来。

　　据传，美国有一个名叫亨特的

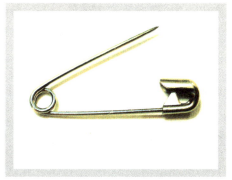

小伙子，他平时爱动脑筋，是个热情奔放的有志青年，他和一个名叫郝斯达的姑娘相爱。可是因为亨特家里非常穷，因此他们的恋爱遭到郝斯达父母的强烈反对。郝斯达的父母明知亨特的家里很穷，就用以攻为守的方法对亨特说："你如果在十天内赚到1 000美元，我就答应你和我女儿结婚。"

亨特知道郝斯达的父母是用钱来刁难和拒绝他，亨特却仍对郝斯达的父母说："好吧，不过我赚到钱后，你可不要反悔哦！"郝斯达的父母斩钉截铁地说："我们绝不食言。"他们想亨特要在10天靠正当手段赚到1 000美元是不可能的，所以才如此爽快地答应了。

1 000美元对于亨特来说简直是一个天文数字。可亨特为了不失掉钟爱的郝斯达，也为了争一口气，让郝斯达的父母不再小看自己，他绞尽脑汁地想办法。一天过去了，两天过去了，三天过去了，亨特仍是一筹莫展。

第四天，亨特看到一队迎亲的队伍，新郎、新娘和贵宾们胸襟前，佩带着歪歪扭扭的用缎子做的玫瑰花，他立刻想到了要发明一种可以固定缎花的东西。

"对呀，搞一个发明来卖，不就可以赚到钱了吗?"

于是他找来钢丝和铁片材料，他剪下 2 米左右的铁丝试做，反复试验，终于设计出了现代使用的别针。经过两天两夜的反复琢磨和改进，一枚"安全别针"诞生了。

亨特马上请人代理了专利申请，接着找到一家缎花店出卖了他的专利权。老板看了他的别针认为设计合理，佩戴方便马上表示愿意用 500 美元买下他的专利，并以生产额的 3 % 作为佣金支付给他。

"不，我只要你一次性支付 1 000 美元就可以了。"老板听后毫不犹豫地支付给亨特 1 000 美元，说："你不要后悔，3 % 的佣金今后的数目是很大的。"亨特说："我不会后悔。"

老板立即给他开了一张 1 000 美元的支票，并送给了他两朵玫瑰花。亨特接过了支票和玫瑰花，随手在花朵上插了一枚别针，拿着支票和插着别针的玫瑰花高兴地跑向郝斯达家向她求婚。

亨特跑到郝斯达家，向郝斯达献上了插有别针的玫瑰花，又向他的父亲递过支票，并讲述他发明别针和出卖专利的过程。郝斯达的父亲听完亨特

讲述的赚钱经过后先是笑了一下，随即骂道："你这个笨蛋！"原来他是嫌亨特太老实、太性急，因为这样的发明至少能值10万美元以上。但亨特还是用别针敲开了紧闭着的求婚之门，最终被获准和自己心爱的人结婚了。

在结婚的庆典上，朋友们请亨特说一说求婚的体会。他说"这个世界对善于思考的人来说是喜剧，对不善于思考的人来说则是悲剧。只有善于思考的人，才是力大无边的人。地球上最神奇、最瑰丽的花朵，就是思考。"这一席话立即赢得岳父岳母的刮目相看，也博得了来宾的热烈掌声。

柯博士点评

在别针进行改良之前，别针已经在世界上存在了许多个世纪。不但古已有之，而且一直让淑女们烦恼。她们需要用它别住衣饰，却免不了偶尔

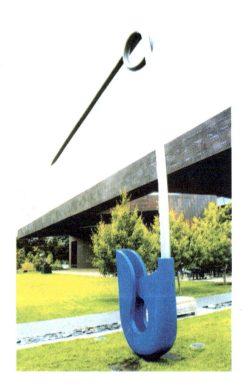

被扎上几下，而且还要时时小心避免别针掉落时的尴尬。那时的别针，是个令人又爱又恨的东西。

亨特只对别针做了两个改动：（1）增加扣帽；（2）把另一端扭成一个圆，以便增加弹力好让别针带尖的一头藏在扣帽里。

就这么两个简单的改动，普通别针变成安全别针，一举解决困扰人类许多年的问题。

亨特的发明动力是为了爱情，为了证明自己的能力。他在观察人们用别针佩戴饰物不便时激发了发明别针的火花。目的、观察、思考是发明的关键。

 相关链接

◎ 曲别针

曲别针又叫回形针，这种发明似乎是所有发明中最简单的一种，它不过是一小段夹纸的弯曲金属丝。但回形针在制成我们如今所使用的形状以前却经过了多次反复的设计。

为了方便快速地从一大堆文件中寻找出一张有用的资料，人们开始用裁缝用的大头针在纸张一角将文件别起来，可是又时常扎破手指。发明一种安全有效的办公用品的想法，几乎同时在许多人脑中产生。

至今，人们普遍认为曲别针的发明者是挪威数学家约翰·瓦勒，因为他的设计草图上标注的日期是最早的——1899年。

过去人们经常用针来把他们的文件纸固定在一起。但针损害纸张，还会因刺破手指头而伤害使用者。约翰·瓦勒在1901年提出了金属丝纸夹的专利申请。与此同时，几个发明家也提出了类似的设计。

约翰·瓦勒的小小发明令挪威人十分骄傲、自豪。二战期间，德国军

队禁止挪威人使用带挪威国王姓名首写字母的纽扣，为了强调对民族传统的忠实，他们在衣服上别上曲别针。不仅如此，1990年2月，还在首都奥斯陆市中心竖起了一个高5米的曲别针形不锈钢纪念碑。

另一位对曲别针的推广使用有重大贡献的是一位美国人，威廉·米德尔布鲁克，他是康涅狄格州沃特堡的一位工程师。

威廉·米德尔布鲁克解决了机器制造曲别针的问题。他在1899年发明了一部使金属丝纸夹弯曲的机器。由于他的机器所制成的纸夹有一个双重环圈，所以很像我们现在使用的回形针。这些纸夹以"宝石"牌回形针而出名，它们一般不会损坏纸张。

🏠 发明展台

◎ 新颖的独轮自行车

独轮自行车是集杂技表演、健身、代步为一体的自行车。独轮车可以锻炼平衡及神经反射能力，并可促进小脑发育，增强心肺循环，培养和提高青少年积极、自信、独立、坚定、进取的个性品质，因而有许多人都喜欢独轮自行车运动。

有一位英国人发明的车子设计更新颖、新潮。他一改传统的独轮车车座在上面、车轮在下面的结构设计，而把车座设计在大型车轮的内部，降低了重心，这样骑起来就会更容易更安全了。

变幻的交通信号灯

我们每个人都生活在社会这个大交通环境里，因而大家都是这个环境中的参与者。所有人都会看到路口的交通信号灯，这个交通信号灯成为了我们生活中重要的组成部分。

精彩回放

工业革命以后，英国的城市逐渐显现一派繁荣景象，特别是伦敦更是人口骤增，车水马龙，城市的交通秩序混乱。英国议会大厦前经常发生马车轧人的事故，伦敦市民对于交通秩序很不满。

于是，有人受英国中部约克城用着装颜色区分女性婚姻状况的启示，提出了用带有颜色的灯光，指挥车辆和行人的交通秩序的想法。

约克城有一个传统，女性的服装不能乱穿，而着装的颜色是向世人宣示婚姻状况的一种方式。红、绿装分别代表女性的不同婚姻状况，着红装的女人表示我已结婚，而着绿装的女人则是未婚者。也就是说通过她们着装的颜色就可以知道她们是否结婚。

这个提议立刻受到伦敦市政当局的

采纳，由当时英国机械师德·哈特设计制造的灯柱高7米，上面挂着一盏红、绿两色的提灯，交通信号灯从此诞生了。红色表示"停止"，绿色表示"通行"。并于1868年12月10日，安装在伦敦议会大厦的广场上，这是世界上城市街道的第一盏红绿双色交通指挥信号灯。

不幸的是这种煤气信号灯只是昙花一现，由于该信号灯的光源是由煤气供给的，所以存在一些安全隐患。在它登上执勤岗后的第23天，煤气灯突然发生爆炸自灭事故，事故使一位正在值勤的警察也因此断送了性命。从此，城市的交通信号灯被取缔了，城市的交通秩序又回到人们担心的日子里。

1914年，在美国的克利夫兰市率先恢复了红、绿灯，不过，这时的交通指挥灯再不是煤气灯，而从此更换为供电信号灯。

1918年，随着各种交通工具的发展和交通指挥的需要，交通信号灯由两种颜色变脸为3种颜色，变成了和现在一样的红、黄、绿三色灯。

交通信号灯的出现，对于疏导交通流量、提高道路通行能力、减少交通事故有明显效果。1968年，联合国《道路交通和道路标志信号协定》对各种信号灯的含义作了规定。绿灯是通行信号，面对绿灯的车辆可以直行，左转弯和右转弯，除非另一种标志禁止某一种转向。左右转弯车辆都必须让合法的、正在路口内行驶的车辆和过人行横道的行人优先通行。红灯是禁行信号，面对红灯的车辆必须在交叉路口的停车线后停车。黄灯是警告信号，面对黄灯的车辆不能越过停车线，但车辆已十分接近停车线而不能安全停车时可以进入交叉路口。此后，这一规定在全世界开始通用。

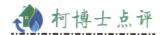

柯博士点评

交通信号灯的发明和女性的服装的穿戴颜色联系在了一起。

红绿灯的发明运用了联想发明方法中的相似联想法。当人们被杂乱的交通秩序困惑时，他们想到了约克城的民俗，这种民俗用来区分女性的婚姻状况，而用颜色来指示车辆行进和停止也是可行的。于是，有人就建议用颜色来指示车辆和行人的通行，这真是不错的创意。

女性的服装颜色和车辆、行人看似并没有什么联系，通过联想的创意，找到了他们之间的颜色的特点，就会把这几件事联系起来，并用特点移植法，把女性服装颜色区别的特点移植到交通红绿灯上，这就创造了全新的红绿灯。

相关链接

◎ **相似联想法**

在生活当中，人们很容易从江河想到湖海，从树木想到森林，从火柴

想到打火机，从缝衣想到缝纫机，从洗衣想到洗衣机。人造湖海、人造森林、打火机、缝纫机、洗衣机等，就是通过相似联想而创意出来的。

相似联想像星星和月亮、李白和杜甫、收音机和录音机、录像机和放像机等等。

由于时间和空间是事物存在的形式，所以时间上接近的事物，总是和空间上接近的事物相互关联。反之亦然。在日常生活中，人们提到甲就会想到乙，提到今天就会想到昨天或明天等等。

◎ 各式各样的红绿灯

现代的城市人群聚集，车辆拥挤，为了不断适时调整人流、车流，在现代科技发展的基础上，各式各样的红绿灯纷纷亮相城市的人车聚集的马路。

一种红外线温感红绿灯，站在行人过街和车道行车交叉点的路边，过路的人如果不留意，根本不会察觉到它的存在。这个并不起眼的小匣子的名字叫红外线温感探测器，工作原理是通过这个红外线温感探测器雷达发出红外线，在斑马线起头的地方形成一个扇形区，如果扇形区里站了人，雷达"感觉"到扇形区上行人的体温，就自动在数秒之后变灯。这时，车道上的红灯也对应亮起。

一旦没有行人通行，车道上自动亮起绿灯，斑马线上自动亮起红灯，车辆可放心通过。

这个设备在夜间行人少时效果更为明显。因为夜间大多数人已休息，过街行人少了。如果雷达没有探测到有人要过街，那么车道上的绿灯将常亮，省去了红绿灯根据既定程序按固定配时有可能带来的放空问题，能避免资源浪费。

这种红绿灯对于行人过街安全、车辆快速通过、保证交通顺畅有很大的作用。

还有一种可以移动的红绿灯，这种红绿灯可随时移动到需要的地方，比如学校门前的过街人行道上，以提醒马路上的车辆注意学生过街避让。有人把太阳能安装在这种红绿灯上，成为太阳能红绿灯。

现代的智能化道路系统，安装了智能化红绿灯。智能化红绿灯信息系统，通过及时地信息传递，使道路上的所有红绿灯按照道路上的车辆状况，经计算机计算合理科学地调整红绿灯亮灯的时间，以保持车辆更快地通过，提高车辆的通过流量。

智能化红绿灯在路口的道路下都埋设了感应线圈。感应线圈的位置，离停车线有30米，30米的长度，小车可以排6辆，当车辆通过线圈，这些感应线圈就像是一双双眼睛，可以及时地了解路况和车辆的状态，并通过导线传送到计算机中，计算机根据路面车辆状况，及时地传送经过计算机计算的信息，适时地指挥所有红绿灯的点亮和关闭时间，以及时地调整路面的车流。

智能化红绿灯的显示屏采用了智能控制器和ＬＥＤ显示屏组成，具有红绿灯指示、倒计时和ＬＥＤ屏滚动字幕显示功能。

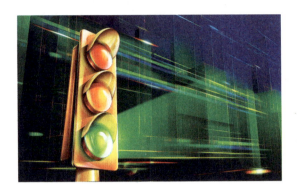

◎ 红绿灯趣闻

没有红绿灯的国家

位于欧洲亚平宁半岛东北部的内陆国圣马力诺共和国是欧洲最古老的国家之一，它坐落在意大利境内，是一个国中国。

境内起伏多山，位于中部最高的蒂塔诺山，海拔755.24米，国土面积仅61.2平方公里，人口3万多人，拥有汽车近5万辆。

令人惊奇的是，该国境内各种大小交叉路口看不到一个红绿灯信号。在圣马力诺行车，极少有堵车现象。没有红绿灯，交通却井然有序，这其中的奥妙就在于圣马力诺的公路设计、交通管理十分科学。该国的道路几乎全是单行线和环行线，开车人如果不进家门或停车场，一直开到底，就会不知不觉地又原路返回了。在没有信号的交叉路口，驾驶人员均自觉遵守小路让大路、支线让主线的规则。各路口上都标有醒目的"停"字，凡经过汇入主干道的汽车都必须停车观望等候，确实看清无车时才能驶入。

庭院里的红绿灯

好莱坞最著名的导演斯皮他尔伯格住在价值800万美元的大房子里。他的人生最爱就是电影，因此他在家里修建了超级豪华的家庭电影院，他和4个孩子共享天伦之乐。由于出入斯皮尔伯格家的演艺圈人士、政界人士过多，加上大导演自己拥有9辆汽车，交通繁忙，门庭若市，斯皮尔伯格便在庭院中设置红绿灯交通信号，以维护庭院内的交通安全。

发明展台

◎ 色盲指示灯

色盲、色弱的人不能成为驾驶员，因为他们缺乏正确识别红绿灯的能力，所以不能驾驶车辆。

可一个小女孩的动脑发明，解决了色盲不能开车这一难题。她就是北师大南山附属学校六年级学生马梦谦。

马梦谦和大多数的学生一样，她热爱学习、积极参加课外活动，此外她尤其喜欢动脑筋思考问题，生活中的一些小细节在她看来都是十分有趣，她都喜欢把这些问题去问个究竟。

她的发明想法来自对她家的一位邻居的同情心。她的邻居是一位分不清红绿的色盲，于是她想，要是能发明一种让有色盲的人也能识别的红绿灯，那么有色盲缺陷的人不是也能开车了吗？马梦谦将这个想法和老师、父母商量，得到了他们的支持。

　　她想到有色盲的人识别红绿有困难，但是他们可以识别图形。如果把红绿灯用图形显示，色盲症的人不也可以识别红绿灯了吗？

　　在马梦谦的爸爸和老师武立华的指导下，马梦谦在光源与灯罩之间设置一个局部透光遮挡层，而透光形状可以是三角形、正边形、圆形。通过不同的形状和颜色搭配来发出信号。比如说，"红灯＋三角形"表示禁行，"绿灯＋圆形"表示通行，"黄灯＋正边形"表示等候。这个发明最终成功了。

　　马梦谦在2007年9月28日对"颜色加形状指示灯"（色盲指示灯）的小发明进行专利申请，并在2008年9月24日顺利通过审批获得授权。她带着这项发明参加了2009年巴黎国际发明展览会。

◎ 人行斑马线的来历

　　早在古罗马时代，意大利庞贝市的一些街道上，人、马、车混行，交通经常堵塞，事故经常发生。为了解决这个问题，人们把人行道加高，使人与马、车分离。后来，又在接近马路口的地方，横砌起一块块凸出路面的石头，叫做跳石，作为指示人通过的标志。行人可以踩着跳石穿过马路，而跳石刚好在马车的两个轮子中间，马车可以安全通过。

　　19世纪出现了汽车。汽车的速度及其危险性都超过了马车，所以，跳石已失去了它的作用。经过多次试验，于19世纪50年代初在英国伦敦的街道上，首次出现了横格状的人行横道线，这就是第一条人行横道线的由来。从它的出现到现在，对减少交通事故和保护人身安全起了很大的作用。